VORLESUNGEN
ÜBER
BODEN-MIKROBIOLOGIE

VON

DR. AUGUST RIPPEL
O. PROFESSOR UND DIREKTOR DES INSTITUTS
FÜR LANDWIRTSCHAFTLICHE BAKTERIOLOGIE
AN DER UNIVERSITÄT GÖTTINGEN

BERLIN
VERLAG VON JULIUS SPRINGER
1933

ISBN-13: 978-3-642-98296-5 e-ISBN-13: 978-3-642-99107-3
DOI: 10.1007/978-3-642-99107-3

Vorwort.

Das vorliegende Büchlein stellt die Fortsetzung der vor einigen Jahren erschienenen „Vorlesungen über theoretische Mikrobiologie" dar und bildet mit diesen zusammen eine Einheit, die das Gebiet umfaßt, das der Verfasser in seinen Vorlesungen in Göttingen behandelt; zusammen mit den praktischen Übungen bilden sie den Rahmen der für die Promotion in landwirtschaftlicher Bakteriologie als Haupt- und Nebenfach (für Landwirte, Biologen, Pharmazeuten, Chemiker) notwendigen Kenntnisse. Die Teilung ist nicht so zu verstehen als ob theoretische Fragen in der Boden-Mikrobiologie überhaupt nicht behandelt würden. Sie erscheinen hier nur in anderer, nämlich in der angewandt-ökologischen Betrachtungsweise. Deshalb sind die in dieser Hinsicht wichtigen Vorgänge (Stickstoffbindung, Nitratbildung, Mycorrhiza usw.), die dort nur kurz im theoretischen Zusammenhang erscheinen, hier eingehender behandelt. Einige Wiederholungen konnten dabei nicht ganz vermieden werden, sind aber möglichst beschränkt, und es ist hin und wieder auf den ersten Teil verwiesen.

Daß in dem vorliegenden Büchlein die landwirtschaftlichen Beziehungen besonders berücksichtigt werden, liegt auf der Hand. Die Verbindung aber zwischen theoretischen und praktischen Fragen, wie sie in den beiden Vorlesungsgruppen zum Ausdruck kommt, hält der Autor für besonders wertvoll. Einerseits möge der Landwirt erkennen, wie mannigfach die Beziehungen der Vorgänge im Boden zu den allgemeinen Erscheinungen des Lebens und seinen chemischen und physikalischen Grundlagen sind. Andererseits möge der Nicht-Landwirt einen Einblick darin bekommen, wie sich die Summe theoretischer biologischer und chemisch-physikalischer Vorgänge auf ein Gebiet auswirkt, das in seiner praktischen Bedeutung als das Ferment, sozusagen im eigentlichen Sinne dieses Wortes, des höher organisierten Lebens auf der Erde erscheint; möge dieser daraus auch erkennen, daß die Landwirtschaft, von der die Mikrobiologie des Bodens ein kleines Teilgebiet ist, keineswegs nur ein Gewerbe darstellt, sondern, wenigstens in ihren höheren Entwicklungsstufen, die bewußte Anwendung aller wissenschaftlichen Erkenntnis auf die leiblichen Bedürfnisse des Menschen (wenn wir von der soziologischen Seite hier ganz absehen wollen). Gerade in dieser Zeit ist eine solche verständnisvolle Bewertung der die Grundlagen unserer Volkswirtschaft bildenden Landwirtschaft in ihrer allgemein naturwissenschaftlichen Bedingtheit mehr denn je erwünscht: denn sie trägt dazu bei, die Schwierigkeit des praktischen Arbeitsgebietes und die wissenschaftlichen Anforderungen der verschiedenen Zweige der Landwirtschaftswissenschaften auch auf der Seite der bloßen Rohertragserzeugung in das rechte Licht zu setzen.

Literatur ist nicht angegeben, da eine Berücksichtigung auch eine eingehende Berücksichtigung erforderte, dann aber den Umfang zu sehr vergrößern würde. Man findet sie u. a. in folgenden chronologisch geordneten Schriften:

F. Lafar: Handbuch der technischen Mykologie. 2. Aufl., insbesondere Bd. 3. Jena, G. Fischer, 1904—1907.

F. Löhnis: Handbuch der landwirtschaftlichen Bakteriologie. Berlin, Bornträger, 1910.

A. Kossowicz: Einführung in die Agrikulturmykologie, 1. Teil, Bodenbakteriologie. Berlin, Bornträger, 1912.

F. Czapek: Biochemie der Pflanzen. 2. Aufl., Jena, G. Fischer, 1913—1921.

S. A. Waksman: Principles of Soil Mikrobilogie. 2. Aufl. London, Bailliere, Tindall u. Cox, 1932. — Der gegenwärtige Stand der Bodenmikrobiologie usw. Fortschr. naturw. Forsch., herausg. von Abderhalden. H. 10, Berlin und Wien, Urban u. Schwarzenberg, 1930.

C. Stapp: Der Boden in biologischer Hinsicht. Honcamps Handbuch der Pflanzenernährung und Düngerlehre. Bd. 1, S. 526. Julius Springer, Berlin 1931.

A. Rippel: Niedere Pflanzen. Blancks Handbuch der Bodenlehre, Bd. 7, S. 239. Berlin, Julius Springer, 1931. — Bakteriologisch-chemische Methoden zur Bestimmung des Fruchtbarkeitszustandes des Bodens und der Kreislauf der Stoffe, ebenda, Bd. 8, S. 599, 1931. — Die Beeinflussung der Mikroorganismentätigkeit im Boden, ebenda, Bd. 9, S. 283. 1931.

Göttingen, im April 1933.

August Rippel.

Inhaltsverzeichnis.

I. Bedeutung der Mikrobiologie des Bodens.

Allgemeines über den organischen Kreislauf der Stoffe; Landwirtschaft.

So weit auch die Kultur des Menschen fortgeschritten ist, vermag sie doch nicht, ihn aus der Abhängigkeit der umgebenden Natur zu lösen. Das gilt nicht nur für seine mehr oder weniger große Zivilisationsbehaglichkeit, sondern für seine Daseinsmöglichkeit überhaupt. Seine Ernährung ist an die Erdrinde gefesselt, in erster Linie an deren festeren Bestandteil, dessen oberste Schicht überall da, wo die Bedingungen zum organischen Leben gegeben sind, Pflanzen aufsprießen läßt, deren Produkte überhaupt erst die Vorbedingung jeden animalischen und somit auch menschlichen Lebens sind, von den primitivsten Bedürfnissen des Hungers angefangen bis zu den unser Zeitalter treibenden Kräften der Steinkohle. Pflanzenreich und Tierreich sind so die beiden großen Reiche der belebten Natur, deren Wechselbeziehungen auch jedem Laien jeder Zeit sinnfällig vor Augen stehen.

Aber, dem unbewaffneten Auge verborgen, regt sich noch ein drittes Reich der belebten Natur, das Reich der Mikroorganismen, an Ausmaßen der Individuen zwar klein jenen gegenüber, an Gesamtmasse und Leistungen jedoch ebenbürtig. Die Lehre von der Mikrobiologie des Bodens (und der noch verhältnismäßig wenig bekannten Mikrobiologie des Wassers) zeigt diese Leistungen auf und zeigt, wie alle Stoffe auf der Erde, welche in den Stoffwechsel des Lebendigen einbezogen werden, auch die Stufe des mikrobiologischen Eingriffes durchlaufen müssen, welche somit als Naturnotwendigkeit für die Daseinsmöglichkeit der höheren Organismen einschließlich des Menschen erscheint. Man kann sagen, daß dem biblischen Mythus, daß der Mensch aus Erde gemacht sei, die unbewußte Erkenntnis dieser Zusammenhänge, erwachsen aus den Erfahrungen der praktischen Landwirtschaft, zugrunde liegt. Diese Beziehungen zwischen den drei Reichen der belebten Natur und zwischen diesen und der unbelebten Natur, den organischen Kreislauf der Stoffe in der Natur, von dem Gesichtspunkt der Einzelvorgänge aus darzustellen, wird der Zweck der vorliegenden Mikrobiologie des Bodens sein.

Dieser Kreislauf der Stoffe ist in dem Schema auf S. 3 dargestellt; es ist dabei allerdings die quantitativ, wenigstens auf dem festen Lande, zurücktretende Tätigkeit der tierischen Organismen nicht berücksichtigt; in der Tat kann man sich diese, ohne Störung des Kreislaufes, völlig hinwegdenken. Nur die Tätigkeit der grünen Pflanzen (gestrichelte Linie) und der chlorophyllosen Mikroorganismen (ausgezogene Linie) ist eingetragen. Auch ist nur die Bilanz eingetragen, d. h. die Tätigkeit der grünen Pflanzen ist nur nach der aufbauenden Seite berücksichtigt, nach der diese in großem Überschuß arbeiten; das Umgekehrte gilt für die Mikroorganismen. Diese Bilanz ist also unabhängig davon, daß es chlorophyllose höhere Pflanzen gibt, deren abbauende Tätigkeit überwiegt, auch unabhängig davon, daß es Mikroorganismen gibt, deren aufbauender Stoffwechsel überwiegt (vgl. Theor. Mikrob., S. 62).

Man sieht, wie die autotrophen grünen Pflanzen, die hierzu die mit Hilfe des Chlorophylls aufgefangene Energie des Sonnenlichtes dazu benützen, die Kohlensäure unter Abscheidung von Sauerstoff und Eintritt von Wasser zu organischen Verbindungen verarbeiten (zunächst zu Zucker und Stärke); ebenso werden die notwendigen anorganischen Nährstoffe in organische Bindung überführt, wobei die aus der Kohlensäure aufgebauten Kohlenstoffverbindungen weiter verarbeitet werden. Aus Gründen der sonstigen Übersichtlichkeit ist dieses in dem Schema jedoch nicht dargestellt. Auch sind in das Schema nur Stickstoff und Schwefel aufgenommen, die übrigen Elemente sind rechts seitlich nur angedeutet.

Ferner sieht man, wie die heterotrophen Mikroorganismen diese Aufbauvorgänge unter Aufnahme von Sauerstoff (vgl. S. 7) wieder rückläufig durchführen, die organisch gebundenen Stoffe wieder mineralisieren, so daß diese von neuem ihren Kreislauf antreten können. Bei der großen Mannigfaltigkeit dieser Vorgänge sind der Übersichtlichkeit halber in dem Schema nur einige besonders bemerkenswerte Zwischenstufen aufgenommen.

Es ist dabei immer zu beachten, daß es sich bei diesem Kreislaufschema nicht um Einzelvorgänge handelt, sondern um die Gesamtheit der Vorgänge. Deutlich tritt jedenfalls die Bedeutung der Sonnenenergie (für die grünen Pflanzen), des Sauerstoffs (für die Mikroorganismen) als den treibenden Kräften des Stoffumsatzes hervor. In jenem Falle wird die Energie zur Reduktion der Kohlensäure geliefert, in diesem ist nur mit Hilfe des Sauerstoffs die restlose Erschöpfung der potentiellen Energie der organischen Verbindungen möglich. Denn die Sauerstoffver-

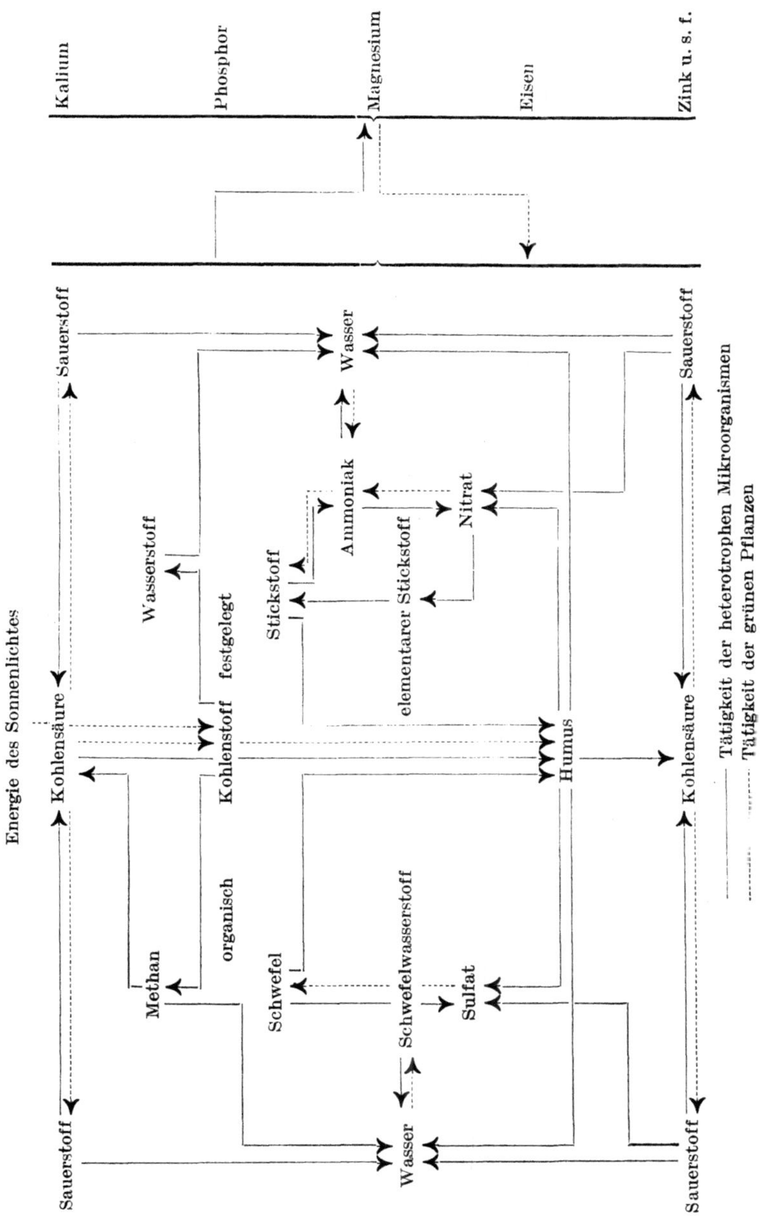
Kalium
Phosphor
Magnesium
Eisen
Zink u. s. f.
Sauerstoff
Wasser
Sauerstoff
Energie des Sonnenlichtes
Kohlensäure
Wasserstoff
Kohlenstoff festgelegt
Stickstoff
Ammoniak
elementarer Stickstoff
Nitrat
Humus
Kohlensäure
Methan
organisch
Schwefel
Schwefelwasserstoff
Sulfat
Sauerstoff
Wasser
Sauerstoff
Tätigkeit der heterotrophen Mikroorganismen
Tätigkeit der grünen Pflanzen

brennung liefert aus 1 Gramm-Molekül Zucker 674, die Zertrümmerung ohne Sauerstoff bei der Alkoholgärung nur 28,1 große Kalorien.

Ein Teil der organischen Stoffe entgeht dabei für kürzere oder längere Zeit der Mineralisation und wird in dem Boden in Form von Humussubstanzen festgelegt, die jedem Boden seine charakteristischen Eigenschaften verleihen, wie wir sie verschiedentlich noch kennen lernen werden (vgl. S. 101 ff.).

Naturgemäß wird es sich bei unserer Darstellung, da die Landwirtschaft ja derjenige Zweig menschlicher Betätigung ist, welcher die Beziehungen zwischen Pflanzenproduktion und menschlicher Ernährung unmittelbar praktisch ausbeutet, in der Hauptsache um landwirtschaftlich wichtige Vorgänge handeln. Es würde jedoch durchaus verfehlt sein, nur nach diesen Gesichtspunkten zu verfahren. Denn einmal handelt es sich um einen Wissenszweig, der mit der Fülle seiner besonderen Probleme den verwandten Wissenszweigen von den höheren Pflanzen und Tieren auch in theoretischer Hinsicht qualitativ und quantitativ ebenbürtig ist; andererseits aber verfällt ein vornehmlich oder nur nach praktischen Gesichtspunkten behandelter Wissenszweig allzu leicht in den Fehler, vor tatsächlich oder auch nur vermeintlich praktisch wichtigen Aufgaben den freien Blick zu verlieren für Fragen, die vielleicht im Augenblick praktisch nicht weiter helfen, die aber doch später — und manchmal früher als man für möglich gehalten hätte — größte praktische Erfolge zeitigen. Auch auf diesem Gebiete muß man die technische Arbeit für den Augenblick von der theoretischen für die Zukunft auseinander zu halten wissen. Man erinnere sich beispielsweise, daß die praktische Verwendbarkeit des Aluminiums erst 100 Jahre nach seiner Entdeckung gefunden wurde.

Äußerst lehrreich ist in dieser Hinsicht ein flüchtiger Blick auf die geschichtliche Entwicklung unserer Kenntnisse von den mikrobiologischen Vorgängen im Boden in ihren Beziehungen zur praktischen Landwirtschaft. Er zeigt uns, daß jede Landwirtschaft, sobald sie sich einmal über das allerprimitivste Stadium erhoben hat, eine Düngung, in erster Linie mit organischen Stoffen (tierischen und menschlichen Exkrementen), und eine Bodenbearbeitung kennt, Maßnahmen, die tief in die mikrobiellen Umsetzungen im Boden eingreifen. Aber erst die theoretische Erkenntnis dessen, was hier vor sich geht, konnte, natürlich in Verbindung mit den sonstigen Errungenschaften, die Landwirtschaft auf eine außerordentliche Höhe bringen. Es scheint tatsächlich so, daß dunkel geahnte praktische Erfahrung allein zum

Fortschritt nicht ausreicht, sondern erst ein allgemeines theoretisches Erkenntnisniveau praktisch Bekanntes völlig fruchtbar zu machen im Stande sei.

Ein gutes Beispiel hierfür bieten die Leguminosen mit ihren den elementaren Luftstickstoff bindenden Bakterien (S. 49 ff.). Schon den Römern, von denen wir eine Anzahl landwirtschaftlicher Schriftsteller kennen, war die „bodenverbessernde" Wirkung der Leguminosen bekannt. Friedrich der Große pflegte den Anbau der Lupine in den Sandgegenden seines Landes. Die Bauern des Birkenfelder Ländchens rösteten oder kochten allerdings den ihnen von der damaligen badischen Regierung aufgezwungenen Kleesamen, damit er ja nicht aufgehe. Man sieht: praktische Erfahrung schreitet höchstens sehr langsam fort zu durchgreifenden Maßnahmen.

Erst die theoretische Feststellung der Stickstoffbindung der Leguminosen durch HELLRIEGEL (1888) schuf, im Verein mit den Erkenntnissen in der Pflanzenernährung, wie sie LIEBIG gewonnen hatte, urplötzlich eine Tatsache, der sich die landwirtschaftliche Praxis in ihrer Gesamtheit vorbehaltlos beugen mußte. Diese HELLRIEGELsche Entdeckung bildet so den sichtbaren Markstein in dem Emporblühen der Kenntnisse von der Mikrobiologie des Bodens, mit der sich auch bisher kein anderer der weiter erforschten Vorgänge an unmittelbarer praktischer Bedeutung hat messen können. Aber es sei nochmals betont, daß auch indirekt alle diese Kenntnisse von gewaltiger praktischer Bedeutung geworden sind, weil sie eben das allgemeine Erkenntnisniveau auf eine Stufe gehoben haben, die weit über die unbewußte rein praktisch ausgeprobte Handhabung der Landwirtschaft hinausgeführt hat, wie wir wissen mit größtem Erfolg. Doch ist auch hier bei weitem noch nicht das meiste getan. (Man vergleiche hierzu noch die S. 136 gemachten Ausführungen.)

II. Methodik der mikrobiologischen Untersuchung des Bodens.

Allgemeines über die Lebensbedingungen der Mikroorganismen im Boden; Zahl der Mikroorganismen im Boden (Plattenkultur-, Verdünnungs-Verfahren, mikroskopische Zählung, Bodenplatten-Verfahren).

Wenn wir uns nunmehr dem in der Mikrobiologie des Bodens bisher Erforschten zuwenden, so fragen wir uns zunächst nach den Methoden, deren man sich bei dieser Erforschung bedient. Es interessiert uns hierbei zweierlei: Einmal die morphologische

Natur der fraglichen Mikroorganismen, zum andern deren physiologische Leistungen. Die wichtigsten Bewohner des Bodens und ihre Leistungen werden wir bei Besprechung der Einzelvorgänge kennen lernen. Einstweilen sollen nur einige allgemeine Gesichtspunkte erörtert werden, nämlich das Verhalten zu Kohlenstoff und Sauerstoff, die zum Verständnis des Folgenden nötig sind. Das kann vorerst natürlich nur sehr wenig sein, da ja auf der Mannigfaltigkeit der Leistungen auch die ganze Mannigfaltigkeit der Vorgänge im Boden beruht.

Die im Boden lebenden Mikroorganismen sind im wesentlichen heterotroph, d. h. sie verarbeiten den Kohlenstoff nur in schon vorgebildeter organischer Form. Insbesondere handelt es sich um Saprophyten, die, im Gegensatz zu den auf lebendem organischen Material vegetierenden Parasiten, totes organisches Material verwenden, das sowohl zum Aufbau dient (Baustoffwechsel) wie auch zur Gewinnung von Betriebsenergie (Betriebstoffwechsel), wobei jedoch, wie schon erwähnt, in der Bilanz der zur Mineralisation führende Betriebstoffwechsel überwiegt.

Wir kennen jedoch, auch wenn wir von den grünen Bodenalgen (vgl. S. 120) absehen, eine Reihe von Fällen autotropher Mikroorganismen mit positiver Bilanz des Aufbaustoffwechsels, welche mit Hilfe einer Energiequelle imstande sind, unmittelbar die Kohlensäure der Luft zu verarbeiten. Diese Energie, welche die grüne Pflanze dem Sonnenlicht entnimmt, gewinnen diese Mikroorganismen — abgesehen von schwefeloxydierenden Purpurbakterien, die ebenfalls auf ähnliche Weise leben wie die grüne Pflanze (S. 97) — aus der Oxydation anorganischer Verbindungen, von Ammoniak und Nitrit (S. 81), von Schwefel und oxydierbaren Schwefelverbindungen (S. 96), von Wasserstoff (S. 38), von Kohlenoxyd (S. 38), von Eisenoxydulverbindungen (S. 99). Doch sie vermögen alle, wie wir durch RUHLAND und KLEIN wissen, auch heterotroph zu leben, ebenso wie gewisse grüne Algen (S. 120), so daß der Unterschied zwischen den beiden physiologischen Gruppen verwischt ist, und ihre natürlichen Lebensbedingungen im Boden nicht völlig eindeutig bestimmt sind. Rein quantitativ spielt sowieso die autotrophe Lebensweise im Boden in Hinsicht auf den Kohlenstoffumsatz keine irgendwie in Betracht kommende Rolle.

Weitaus größere Bedeutung kommt jedoch im Boden der Art und Weise der Durchführung des Betriebstoffwechsels zu, die außer durch die Kohlenstoffquelle bestimmt wird durch den Sauerstoff. Sie vollzieht sich demnach in 2 Formen: Mit dem freien Sauerstoff der Luft als *aërober*, und ohne diesen als *anaërober* Stoffwechsel. Wir sprechen infolgedessen auch von *aëroben* und *anaëroben* Mikroorganismen, zwischen die sich noch die Gruppe der *fakultativ anaëroben* schiebt, die sowohl mit wie ohne Sauerstoff gedeihen und ihren Stoffwechsel durchführen können. Als allgemeine Regel kann nun gelten, daß im normalen Kulturboden die aëroben Vorgänge unbedingt vorherrschen. Nur im gut durchlüfteten Boden vollziehen sich die Umsetzungen in der Weise, daß gleichzeitig der Boden auch als Substrat für den Anbau der Kulturpflanzen geeignet ist. Schlecht bzw. nicht durchlüftete Böden sind ungeeignet. Hochmoorböden und Teichschlamm sind 2 solcher Beispiele schlecht durchlüfteter Böden, die erst nach Durchlüften (im Verein mit anderen Maßnahmen) ertragsfähig werden.

Selbstverständlich vollziehen sich auch im normalen Kulturboden anaërobe Vorgänge, wie z. B. der streng anaërobe stickstoffbindende *Bacillus amylobacter* (S. 44) dort äußerst verbreitet ist. Man hat festgestellt, daß solche Anaëroben in Gegenwart von Aëroben sehr wohl gedeihen können, auch wenn an und für sich der vorhandene Sauerstoff keine Entwicklung der Reinkultur zulassen würde, weil, nach unseren heutigen Anschauungen, die Aëroben Stoffwechselprodukte unschädlich machen, die für die Anaëroben giftig sind. Aber in dem normalen Ackerboden überwiegen die aëroben Vorgänge derart, daß die anaëroben Stoffwechselprodukte *sofort* aërob weiter verarbeitet werden, in der *Gesamtheit* der Vorgänge also nicht in Erscheinung treten, die vielmehr gänzlich aërob erscheinen. Ähnliches gilt auch im allgemeinen Kreislauf der Stoffe von der Oxydation anaërob entstandener Produkte, die nicht wie im normalen Ackerboden an Ort und Stelle oder zeitlich nicht unmittelbar anschliessend verarbeitet werden. Die Umwandlung ist dann eben nur örtlich und zeitlich auseinandergezogen. So erscheint schliesslich, wenn wir hier von der Bildung der Humusstoffe absehen, der umgesetzte organisch gebundene Kohlenstoff restlos in der Form des endgültigen Verbrennungsproduktes, der Kohlensäure.

Wesentlich ist noch, daß alle *Pilze aërob* sind (mit Ausnahme der Hefen); typische Anaëroben finden wir nur unter den Bakterien und Actinomyceten.

Auf die Bedeutung sonstiger äußerer Verhältnisse für das Mikroorganismenleben im Boden wird später zurückzukommen sein; vorerst mögen diese wenigen Angaben genügen, die notwendig waren, bevor wir uns nunmehr der Frage nach der *Zahl der Mikroorganismen* im Boden und ihrer *qualitativen*

Zusammensetzung zuwenden. Was diese letzte betrifft, so haben wir es mit Bakterien, Actinomyceten, Pilzen, Algen und schließlich noch mit niederen tierischen Organismen, Protozoen zu tun, deren zahlenmäßigen Anteil man nach LÖHNIS etwa folgendermaßen angeben kann:

Bakterien + Actinomyceten davon etwa 40% Act.	100 Millionen
Pilze	mehrere 100 000
Algen	50—100 000
Protozoen	10 000

je 1 g trockener Erde.

Um eine Vorstellung davon zu geben, daß trotz der Höhe solcher Zahlen doch der Boden sehr dünn besiedelt ist, sei darauf hingewiesen, daß 100 Millionen eines sehr großen Bakteriums von 10 μ Länge und 1 μ Durchmesser nur den tausendstel Teil eines Kubikzentimeters erfüllen, wie man sich leicht ausrechnen kann. Dementsprechend ist auch die Masse gewichtsmäßig sehr gering. Die Einzelzelle von Bacillus coli wiegt, bei einem Durchmesser von 0,8 μ und einer Länge von 2—3 μ $2 \cdot 10^{-10}$ mg (Trockensubstanz). Das würde auf 1 ha und eine Bodentiefe von 30 cm ausgerechnet, eine Masse von 120 kg Trockensubstanz ergeben, bei einer Zahl von 100 Millionen je 1 g (0,02 mg in 1 g). Da jedoch im Boden noch Pilze usw., also Organismen von größerer Masse, vorhanden sind, so würde im Boden vielleicht mit der 3—10fachen Masse an Mikroorganismensubstanz zu rechnen sein, was immerhin noch absolut so wenig ist, daß die Leistung um so erstaunlicher erscheint. Bei einem Gehalt des Bodens von 2% an organischer Substanz würde die für 100 Millionen Colibakterien ausgerechnete Masse nur 1 Tausendstel davon betragen.

Im einzelnen ist jedoch die Zahl der Mikroorganismen im Boden außerordentlichen Schwankungen unterworfen, von wenigen 100000 in Sandböden bis einigen 100 Millionen in humusreichen Böden, je nach den Bedingungen, die wir noch kennen lernen werden. Diese Zahlen bieten indes nur einen ungefähren Anhaltspunkt, da solche Feststellungen ganz außerordentlich schwierig sind, wie sich zeigt, wenn wir die üblichen Methoden betrachten, die hierfür in Frage kommen, und ihre bisher gewonnenen Ergebnisse vergleichen.

Die älteste und einfachste Methode, die Zahl der Mikroorganismen (wir beschränken uns dabei auf Bakterien, Actinomyceten und Pilze) zu bestimmen, beruht auf dem von ROBERT KOCH eingeführten Plattenkulturverfahren. Es wird dabei eine Aufschwemmung eines Bodens in sterilem Wasser gemacht und eine gewisse Menge dieser Aufschwemmung oder weiterer Verdünnungen davon der flüssig gemachten Agar- oder Gelatinenährlösung zugesetzt, diese dann in eine Petrischale ausgegossen. Die sich aus den einzelnen Keimen entwickelnden Kolonien werden gezählt und die gefundene Zahl von der angewendeten Verdünnung auf 1 g trockene Erde umgerechnet; außerdem werden, wenn es notwendig erscheint, die festgestellten Kolonien ihrer Natur nach bestimmt. Hierbei spielt die Zusammensetzung der Nährlösung eine große Rolle; verwendet werden meist Bouillon, Peptonlösung, Hefeauszüge mit anorganischen Salzen. Die Übersicht S. 10 zeigt z. B. bei Gartenerde und Wiesenboden einen sehr großen Unterschied in der Bakterienzahl auf Nährgelatine und auf Nähragar, der bei den beiden anderen Böden verwischt ist. In vielen Fällen hat sich ein Zusatz von Erdextrakt als sehr nützlich erwiesen, da hierin offenbar dem natürlichen Substrat eigene Stoffe vorhanden sind, die rein künstlichen Nährlösungen oft fehlen, was auch für die Reinkultur vieler Mikroorganismen gilt (S. 42).

Es stellte sich jedoch bald heraus, daß mit dieser Methode nur ein Teil der Mikroorganismen erfaßt werden konnte. Zunächst ist nämlich zu beachten, daß sich immer nur ein Teil der lebenden Mikroorganismen auf den Platten entwickelt; nach DORNER z. B. keimen nur $3^0/_{00}$ (pro Mille) der Sporen von Bacillus amylobacter aus. Weiterhin kommen im Boden viele Mikroorganismen in kleinen an den Bodenpartikelchen sitzenden Kolonien vor, die beim Verdünnen nicht zerteilt werden, auf der Platte auch nur eine Kolonie ergeben und so als nur 1 Keim gezählt werden. Endlich entwickeln sich auf den Platten nur schnell wachsende, ferner nur aërobe Formen, alle anaëroben dagegen (selbstverständlich kann eine anaërobe Aufstellung der Platten ergänzend hinzutreten) und weiterhin solche mit besonderen Ansprüchen nicht, wie stickstoffbindende (S. 40 ff.), cellulosezersetzende (S. 29 ff.), autotrophe (S. 6) usw. Es sind das aber gerade solche, welche für den Erdboden besonders charakteristisch sind.

Hier hat nun ein anderes Verfahren, das sogenannte Verdünnungsverfahren, von HILTNER-STÖRMER erstmalig angewendet, etwas weiter geholfen. Es beruht auf folgendem Prinzip: Man stellt wieder eine Erdaufschwemmung her und verdünnt so lange, bis bei Impfung mit einer bestimmten Menge dieser Verdünnung eben noch Bakterienentwicklung eintritt, z. B. Ammoniakbildung aus Pepton, wenn man Bakterien feststellen will, die diesen Vorgang durchführen; sinngemäß verfährt man bei den übrigen mikrobiologischen Vorgängen, indem man jeweils ein für die betreffende Organismengruppe geeignetes Substrat wählt. Durch Zurückrechnen von der Verdünnung aus erhält man die Minimalzahl der vorhandenen Mikroorganismen, die für den betreffenden Stoffumsatz in Frage kommen. Es sind das natürlich erheblich mehr als nach den Plattenverfahren gefunden werden. Z. B. fand LÖHNIS in 1 g Erde in einem Falle 1,04 Millionen Keime nach dem Plattenverfahren, nach dem Verdünnungsverfahren dagegen allein 5 Millionen Peptonzersetzer. Als ausführliches Beispiel sei folgende Übersicht nach DÜGGELI gebracht:

Keime in 1 g Erde	Gartenerde	Wiesenboden	Sumpfboden	Mischwald
Auf Nährgelatine	8400000	8100000	1500000	1900000
„ Nähragar	2800000	3000000	1700000	1200000
„ Glucose-Agar in tiefer Schicht (Anaëroben)	280000	620000	2180000	180000
Harnstoffzersetzer	37000	5200	2500	20000
Denitrifizierende	830	850	370	230
Pektinzersetzer	535000	235000	3700	20500
Anaërobe Buttersäurebildner	368000	83500	235000	22000
Anaërobe Eiweißzersetzer	35000	36800	2000	700
„ Cellulosezersetzer	367	367	11	0,8
Aërobe N-Binder	2350	18	17	17
Anaërobe „	5500	370000	67	517
Nirifizierende	880	37	34	0

Man sieht also, daß z. B. auf Sumpfboden allein mehr Anaëroben gefunden wurden als nach dem Plattenverfahren Gesamtmikroorganismen. Man bemerkt ferner die ganz verschiedene qualitative Zusammensetzung von Böden, die nach dem Plattenverfahren gleiche Mikroorganismenzahl ergeben usw. Hingewiesen sei noch auf die auffallend hohe Zahl anaërober N-Binder im Wiesenboden und die geringe Zahl aërober N-Binder überhaupt, namentlich in der Gartenerde.

Aber auch diese Methode befriedigte nicht, abgesehen davon, daß sie ziemlich umständlich ist. So wurden in neuerer Zeit, zuerst von CONN, dann von WINOGRADSKY, Methoden zur unmittelbaren mikroskopischen Zählung der Mikroorganismen, nach geeigneter Färbung, ausgearbeitet, die in der Tat zu sehr viel höheren Werten führen, wie nachstehende Übersicht (Seite 11) nach KÜHLMORGEN-HILLE zeigt.

Jedoch sieht man gar keinen Zusammenhang mit den nach dem Plattenverfahren erhaltenen Zahlen; dieses gibt z. B. bei

Bodenart	p_H	Millionen Keime je 1 g Erde nach Plattenverfahren	Peptonverdünnungsverfahren	CONN	WINOGRADSKY
Acker	5,0	73	100	200	305
,,	5,5	23	25	40	40
,,	5,1	8	10	96	407
Sumpf	4,6	10	25	90	605
Bruch	2,8	2	5	101	399

Acker Nr. 2 und 3 an Keimen 23 bzw. 8 Millionen, das Verfahren nach WINOGRADSKY dagegen 40 bzw. 407 Millionen. Auch überrascht die hohe Zahl der mikroskopisch festgestellten Mikroorganismen z. B. in dem sauren Bruchboden, wobei es sich jedoch um tote, konservierte Bakterien handeln soll, die allerdings nach der angewendeten Färbung mit Erythrosin nicht sichtbar werden sollen. Auf jeden Fall läßt sich heute nur sagen, daß eine einwandfreie Methode zur Bestimmung der Zahl der Mikroorganismen im Boden zur Zeit noch nicht besteht.

Erwähnenswert ist noch die vorerst allerdings nur qualitative Befunde gebende Methode der Bodenplatten nach CHOLODNY. Es werden einfach reine Objektträger einige Zeit in den Boden vergraben, wo sie gewissermaßen zu einem Bestandteil desselben werden. Nach Herausnahme, Fixierung und Färbung kann man auf diesen Objektträgern unmittelbar die Mikroflora in ihrer natürlichen Lagerung untersuchen. Hier, wie auch bei der unmittelbaren mikroskopischen Untersuchung findet man besondere Formen und Verhältnisse. WINOGARDSKY spricht von einer autochtonen, dem ungedüngten Boden eigentümlichen Mikroflora.

Auch auf die Methode von KUBIENA sei noch hingewiesen, der ähnlich wie in der Mineralogie mit Schrägilluminatoren usw. beobachtet und jedenfalls Pilzfruchtkörper in natürlichem Wachstum im Boden untersuchen und manchen Unterschied gegenüber dem Wachstum auf künstlichen Nährböden im Laboratorium feststellen konnte.

III. Verbreitung der Mikroorganismen im Boden.

Vertikal, Bedeutung der Durchlüftung, organischen Substanz, Temperatur, Jahreszeit, Reaktion, Nährsalze; qualitative Zusammensetzung.

Trotzdem erscheint es notwendig, wenn auch mit unvollkommener Methode, zuzusehen, wie die Zahl der Mikroorganismen von den verschiedensten Bedingungen abhängt. Es handelt sich dabei im wesentlichen um Zählungen nach dem Plattenverfahren.

Die Verbreitung im Boden ist zunächst vertikal bedingt; nach der Tiefe nimmt ihre Zahl bald ab, wie folgende Übersicht nach WAKSMAN zeigt:

Boden	Zahl der Mikroorganismen in Mill. je 1 g Erde bei Tiefe					
	2,5 cm	10 cm	20 cm	30 cm	50 cm	75 cm
Garten	7,20	7,74	4,00	1,31	0,62	0,38
Wiese	10,13	5,76	2,85	1,01	0,37	0,24
Wald	2,09	1,17	0,48	0,31	0,17	0,10

Im allgemeinen ist der Boden von 1 m Tiefe ab bereits sehr keimarm. Doch hängt das alles sehr von Durchlüftung, Wasserführung usw. ab. Das Maximum der Mikroorganismenzahl liegt meist nicht in der allerobersten Bodenschicht, da diese am leichtesten austrocknet, sondern erst bei 5—15 cm Tiefe. Je stärker die Austrocknung der obersten Schicht ist, um so tiefer liegt dieses Maximum, bei ariden Böden sogar erst bei mehreren Dezimetern Tiefe; je geringer die Austrocknung ist, um so mehr rückt es nach oben, wie in obiger Übersicht der Vergleich zwischen dem oberflächlich austrocknenden Garten und der bis oben hin feucht bleibenden Wiese zeigt. Der Grund für die allmähliche Abnahme nach der Tiefe dürfte in erster Linie auf das Sinken der Durchlüftung, aber auch auf den abnehmenden Gehalt an organischen Stoffen zurückzuführen sein.

Die Anaëroben nehmen tatsächlich nach der Tiefe zunächst zu und erst später ab, offenbar, wenn Mangel an organischer Substanz dazu führt (nach BOKOR):

	Tiefe in cm					
	2—5	30	60	90	120	150
Aërob auf Agarplatte	2500000	1150000	800000	500000	60000	6000
Anaërob in hoher Zucker-Agar-Schicht	1300000	1800000	2000000	900000	100000	2000
Anaërobe Buttersäurebildner	10000	100000	1000000	100000	10000	100
	Zahlen je 1 g Erde					

Ähnliches gilt für die Actinomyceten, die an größeren Luftmangel angepaßt, zum Teil streng anaërob sind: Auch nach ihrer absoluten Abnahme, nehmen sie relativ immer weiter nach der Tiefe zu (nach WAKSMAN):

Tiefe in cm	Bakterien	Actinomyceten	Actinomyceten in $^0/_0$
2,5	7,34	0,74	9,2
10	5,30	0,93	15,0
20	2,71	0,61	18,4
30	0,95	0,24	20,1
50	0,26	0,25	48,7
75	0,12	0,24	65,6

Zahlen in Millionen je 1 g Erde

Die Bedeutung der Durchlüftung für die Zahl der Mikroorganismen im Boden ging schon aus der Tiefenverbreitung hervor. Sie wurde auch sonst experimentell gezeigt; z. B. geht in Waldböden nach Bokor die Zahl der Bakterien bei gleicher Acidität der Durchlüftung und dem Humusgehalt parallel. Man beachte aber, daß dies natürlich nur für die nach dem Plattenzählverfahren ermittelten aëroben Mikroorganismen gilt, auf die man allerdings besonderen Wert legen wird, weil, wie schon oben S. 7 erwähnt wurde, aërobe Vorgänge für den normalen Ackerboden charakteristisch sind; landwirtschaftliche Gesichtspunkte waren aber bei solchen Untersuchungen in erster Linie maßgebend.

Auch die Bedeutung der organischen Substanz wurde schon hervorgehoben. Sandböden sind trotz guter Durchlüftung keimarm gegenüber humusreichen Böden (S. 8). Führt man dem Boden organische Substanz zu, so beginnt ein starker Anstieg in der Zahl der Mikroorganismen, gefolgt von einem Abfall mit der Erschöpfung des Materials, z. B. wenn man Zucker zusetzt. In dem folgenden Beispiel wurde dem Boden Stall- und Gründünger zugesetzt, die vorher sterilisiert waren; es ist also sicher, daß es sich um eine Vermehrung der Bodenmikroorganismen handelt (nach Temple), nicht etwa um die Mikroorganismen des Stalldüngers (vgl. S. 73):

Nach Tagen	Ohne Dünger	Mit Dünger	Nach Tagen	Ohne Dünger	Mit Dünger
2	2 227 000	2 222 000	28	7 700 000	24 200 000
6	3 780 000	6 000 000	33	3 630 000	6 330 000
13	6 540 000	13 600 000	40	4 270 000	6 330 000
20	6 750 000	11 690 000	90	3 800 000	7 850 000

Zahlen in Millionen je 1 g Erde

Ein weiterer Faktor ist die Wasserversorgung. Sie hängt wiederum eng mit der Frage der Durchlüftung zusammen. Denn bei zu hohem Wassergehalt des Bodens wird die Luft und somit der Sauerstoff verdrängt. In Hochmoorböden ist sicherlich der zu hohe Feuchtigkeitsgehalt die primäre Ursache der mit einer Versäuerung parallel gehenden unvollkommenen Zersetzung, die zur Anhäufung großer organischer Massen führt. Im übrigen entsprechen die Ansprüche der Mikroorganismen des Bodens an die Feuchtigkeit etwa denjenigen der Kulturpflanzen (im allgemeinen betrachtet): Mit steigender Feuchtigkeit steigt auch die Zahl der Mikroorganismen bis zu einem bei etwa 70—80% des Wasserfassungsvermögens des Bodens liegenden Optimum. Ist dieses überschritten, so sinkt die Zahl der Mikroorganismen wieder, namentlich natürlich die der zumeist gezählten Aëroben. Folgende Übersicht nach ENGBERDING zeigt dies:

% des Wasserfassungsvermögens	Wasser in % des Bodens	Bakterien Millionen je 1 g Erde
30	6,51	9,98
56	10,85	11,89
65	14,10	16,41
80	17,35	29,96
100	21,69	25,28

Auch die Temperatur ist von Wichtigkeit. Die untere Grenze ist annähernd durch den Gefrierpunkt des Wassers bestimmt, jedoch nicht ganz; RUBENTSCHIK hat bei -3^0 C noch Umsetzungen festgestellt. Man glaubte sogar in gefrorenem Boden eine höhere Bakterienzahl festgestellt zu haben als in normalem; dies ist aber offenbar darauf zurückzuführen, daß durch das Gefrieren Bakterienkolonien im Boden zerteilt werden und so nachher beim Plattengießen eine Anzahl von Kolonien auf der Platte ergeben, während die unzerteilte Kolonie nur eine einzige ergibt. Nach oben ist zwar die Temperaturgrenze sehr weit gerückt, bis etwa 80^0 C bei den Thermophilen; jedoch spielen solche im Boden nur eine untergeordnete Rolle; meist betragen sie unter 1% der Gesamtzahl der Mikroorganismen. Nach MISCHUSTIN soll außerdem unkultiviertes Land keine Thermophilen enthalten; sie sollen nur durch Stalldünger in den Boden gebracht werden. Jedenfalls finden sie sich in organischem Material, das bei feuchter Lagerung einer Selbsterhitzung (S. 28) unterliegt. Neueste Untersuchungen von HANSEN zeigten aber, daß sie auch bei niederer Temperatur sich vermehren, aber so langsam, daß die Vermehrung bei kürzerer Versuchsdauer nicht beobachtet werden kann.

Nach MISCHUSTIN soll auch das Temperaturoptimum der

Bodenbakterien im Norden geringer sein als weiter südlich, so daß das Bestehen einer typisch kälteliebenden, psychrophilen, Mikroflora im Boden zweifelhaft erscheint. Für mitteleuropäische Verhältnisse wird man das Optimum zu 20—30° C angeben können; es herrschen hier die Mikroorganismen von mittleren Temperaturansprüchen, die Mesophilen. Hierbei scheint die Entwicklung nach niederen Temperaturgraden erheblich besser vor sich zu gehen als nach höheren. Man hat nämlich vielfach die Beobachtung gemacht, daß charakteristische Bodenbakterien nach dem zwischen 25 und 30° C liegenden Optimum schon bei Temperaturen von wenig über 30° nicht mehr wachsen. Im einzelnen sind jedoch gerade hier die Verhältnisse so außerordentlich verschieden, daß sich wenig allgemeines darüber sagen läßt.

Temperatur und Feuchtigkeit werden auch die beiden Faktoren sein, welche die jahreszeitliche Verteilung der Mikroorganismen regeln. In der Zahl finden wir im Frühjahr einen zu einem Maximum führenden Anstieg, bedingt durch die steigende Temperatur und die vorhandene Winterfeuchtigkeit. Im Sommer folgt oft eine Depression, die entweder durch Trockenheit oder auch durch Erschöpfung der zunächst verfügbaren organischen Substanz (und als Folge davon durch teilweises Absterben der Mikroorganismen) verursacht wird; daran schließt sich ein zweites, geringeres Herbstmaximum an (vgl. auch die Nitratbildung, S. 87). Mit völliger Sicherheit sind diese Zusammenhänge jedoch noch nicht aufgeklärt. In Waldböden z. B. fand Fehér nur 1 Maximum im Sommer; die Zahl der Mikroorganismen ging hier vollkommen der Temperatur parallel wie bei der Kohlensäurebildung (S. 21), während in Ackerboden Engberding während des Sommers Parallelität mit der Feuchtigkeit feststellen konnte. Die verschiedentlich gemachte Angabe, daß die Bakterienzahl in gefrorenem Boden höher sein soll, wurde schon besprochen. Nach manchen Autoren soll sogar unabhängig von äußeren Verhältnissen ein Rhythmus in der Zahl der Mikroorganismen vorhanden sein, sogar täglich und stündlich, was aber der Bestätigung bedarf.

Von äußerster Wichtigkeit ist die Reaktion des Substrates. Namentlich einige wichtige Bodenbakterien, wie Azotobacter (S. 42 f.), sind streng an eine annähernd neutrale Reaktion angepaßt, und im allgemeinen kann man auch sagen, daß Bakterien neutrale oder ganz schwach saure, Pilze mehr saure Reaktion lieben und vertragen, während Actinomyceten in der Mitte stehen. An verschiedenen Stellen eines stark sauren Moorbodens fand Drewes folgendes:

p_H nach TRÉNEL	Keimzahl je 1 g Boden			Verhältnis von Bakterien zu Pilzen
	Bakterien	Davon Sporen in %	Pilze	
2,42	14000	100	34000	etwa 2/5
3,12	36000	91	54000	2/3
3,54	95000	30	110000	1
3,63	205000	15	200000	1
4,18	360000	11	180000	2
4,73	740000	16	210000	3,5

Je saurer der Boden ist, um so stärker überwiegen also die Pilze. Auch absolute Zunahme der Pilze mit stärker saurer Reaktion wurde gefunden; WAKSMAN fand bei p_H 4,0 je 1 g Erde 100000, bei p_H 6,6 dagegen 26000 Pilze.

Auch diese Regel gilt nicht allgemein. So fand sich in einem stark sauren Moorboden (unter p_H 3,5) als einziger lebender Organismus das außerordentlich viel Säure vertragende Bakterium Thiobacillus thiooxydans (S. 96 f.). Ebenso sind auch in neutralem bzw. schwach alkalischem Boden Pilze äußerst verbreitet. Aber andererseits ist sicher, daß auf einem sauren Boden, dem man Kalk zuführt, die Bakterienzahl sehr stark ansteigt. Hochmoorboden enthielt nach v. FEILITZEN in unkultiviertem Zustande 200300, in gekalktem und kultiviertem 6900400 Bakterien je 1 g feuchter Erde. Die Bedeutung der Reaktion für den Ablauf der Umsetzungen wird uns noch öfter beschäftigen.

Endlich wirkt die Versorgung mit Nährsalzen auf die Zahl der Mikroorganismen ein. Wir werden später sehen, daß man mikrobiologische Methoden gefunden hat, mit denen man annähernd den Gehalt eines Bodens an solchen Stoffen feststellen kann (S. 134 ff.), was natürlich nur möglich ist, wenn die Mikroorganismen durch diese beeinflußt werden. SCHWARTZ verfolgt diese Beeinflussung:

Düngung	Keimzahlen in Millionen je 1 g feuchter Erde nach Tagen							
	0	4	8	12	16	20	24	31
Harnstoff . .	3,08	2,96	6,41	7,23	5,48	3,08	3,45	2,79
Kalisalpeter .	3,08	3,16	4,82	6,61	4,52	2,75	3,13	3,25
Ammonsulfat	3,08	4,41	4,26	7,46	3,60	3,19	3,28	3,01
Ungedüngt. .	3,08	3,22	3,06	3,12	3,04	2,87	2,93	2,96

Durch die Zufuhr der Düngemittel steigt also die Bakterienzahl, nimmt aber nach dem 12. Tage wieder ab, wahrscheinlich deshalb, weil die leichter zugängliche organische Substanz verbraucht ist, und nimmt wieder die für den unbehandelten Boden charakteristische Normalgröße an. Das ist gleichzeitig ein Beweis dafür, daß man durch vorübergehende Maßnahmen den Boden nicht auf die Dauer mikrobiologisch verändern kann.

Bisher haben wir nur von den quantitativen Veränderungen der Mikroorganismenzahl überhaupt gesprochen, es ist nun noch darauf hinzuweisen, daß auch die qualitative Zusammensetzung durch die geschilderten Maßnahmen verändert werden kann. Anaërobe Verhältnisse werden die aëroben Pilze natürlich zurücktreten lassen, bei saurer Reaktion überwiegen diese hingegen, wie oben erwähnt wurde. Von sonstigen Verhältnissen ist auch die Versorgung mit organischer Substanz wichtig. WAKSMAN-STARKEY fanden, wie das folgende Beispiel zeigt (wobei allerdings

Behandlung	Zahl der Mikroorganismen je 1 g Erde nach Tagen	Pilze	Bakterien	Actinomyceten
Unbehandelt	0	115700	3860000	1260000
0,5% Glucose	2	82000	22200000	1940000
1% Cellulose	17	160000	3600000	600000
1% Cellulose + 0,1% $NaNO_3$	17	4800000	4800000	400000
1% Stroh	10	600000	25200000	200000
1% Blutmehl	12	1438300	473900000	2200000

die Unvollkommenheit unserer Methoden nicht vergessen werden darf), eine besondere Begünstigung der Bakterien durch Zucker, der Pilze durch Cellulose, namentlich, wenn gleichzeitig noch anorganischer Stickstoff gegeben wurde, und der Actinomyceten durch Blutmehl. In einem anderen Falle fanden sie sogar 190900000 Actinomyceten unter 381600000 Bakterien + Actinomyceten nach Zusatz von Blutmehl.

Die Verschiedenheit der physiologischen Leistung verschiedener Gruppen von Mikroorganismen zeigt sich z. B. bei Pilzen nach WAKSMAN in der Weise, daß bei Einbringung von komplexem Pflanzenmaterial in den Boden Phykomyceten die wasserlöslichen Substanzen angreifen, Actinomyceten und Fungi imperfecti Stärke, Hemicellulosen und Cellulose, endlich Basidiomyceten die Lignine vornehmlich angreifen.

Auf die Möglichkeit einer Bedeutung der Algen wird noch (S. 120) zurückzukommen sein. Hinsichtlich der Protozoen sei darauf hingewiesen, daß Bakterien für sie die Nahrung bilden; es ist jedoch nicht bekannt, wie weit sie dadurch das Bakterienleben beeinflussen können, von ganz vereinzelten Fällen (Rieselfelder, S. 143 ff.) abgesehen.

IV. Kreislauf des Kohlenstoffs.

Bildung der Kohlensäure (Allgemeines, Abhängigkeit von Oberfläche, Durchlüftung, Feuchtigkeit, Reaktion, Temperatur, Jahreszeit, organischer Substanz, Mineralsalzen).

Nachdem wir das wichtigste über die Zahl der Mikroorganismen im Boden kennengelernt haben, wenden wir uns nunmehr den durch sie bewirkten Umsetzungen zu. Im wesentlichen handelt es sich dabei um die sich im Betriebstoffwechsel abspielenden Erscheinungen, die eben zur Zertrümmerung der von den grünen Pflanzen aufgebauten, zum Teil in tierische Substanzen umgewandelten, organischen Verbindungen führen. Das letzte Umwandlungsprodukt dabei ist, wenn wir einstweilen nur den Kreislauf des Kohlenstoffs ins Auge fassen, immer die Kohlensäure. Alle Organismen, auch die anaërob arbeitenden, bilden solche, wenn bei diesen auch die Zerstrümmerung der organischen Substanz teilweise nur bis zu organischen Säuren, Alkoholen usw. führt; ein Teil des Ausgangsmaterials wird jedenfalls in Kohlensäure umgesetzt. Die Bildung von Kohlensäure ist demnach eine sämtliche Organismen, vornehmlich aber unsere Mikroorganismen, kennzeichnende Erscheinung, mit der wir uns im Hinblick auf den Boden befassen müssen.

Und gerade in dieser Hinsicht hat die Kohlensäurebildung ihre besondere Bedeutung, weil sich ja hier im Boden, dem Atmungsorgan des Organismus Erde, die Regeneration der Kohlensäure aus organischen Stoffen vollzieht, und auf diese Weise die Kohlensäure wieder der Atmosphäre und somit den grünen Pflanzen zurückgegeben wird. Wir brauchen dabei aber lediglich die Gesamtwirkung, die Bilanz, der Kohlensäurebildung zu betrachten und können von Zwischenreaktionen absehen.

Zunächst sei die Abhängigkeit der Kohlensäurebildung (Bodenatmung) von äußeren Einflüssen besprochen. Als sehr wesentlich für die Rolle der Mikroorganismen ist hervorzuheben, daß ihre Kleinheit und die dadurch bedingte Oberflächenvergrößerung zur Folge haben, daß die Stoffwechselvorgänge mit relativ sehr großer Intensität verlaufen, verhältnismäßig sehr geringe Massen (nach Gewicht) von Mikroorganismen also absolut große Wirkungen entfalten. Die Atmungsintensität (Kohlensäure bildung) betrug z. B. in 24 Stunden je 1 g Trockensubstanz in mg bei

Wurzeln von Gerste	70	nach STOKLASA
„ „ Buchweizen	240	
Clostridium gelatinosum . . .	480	
Azotobacter chroococcum . . .	1270	
Bacillus mesentericus	13000	nach VIGNAL,

was die außerordentliche Überlegenheit der Mikroorganismen zeigt.

Unter den wesentlichen Bedingungen der Kohlensäurebildung ist vor allem die Durchlüftung (Sauerstoffversorgung) zu nennen, was ja eigentlich selbstverständlich ist. Aërob und anaërob gehaltene Böden atmeten nach STOKLASA in 24 Stunden bei 20° C je 1 kg folgende Mengen Kohlensäure in mg aus:

	Lehmboden I		Lehmboden II		Waldboden I	Waldboden II	Torfboden
	O	U	O	U	O	O	O
In Aërobiose . .	49,7	7,6	17,5	3,5	36,4	59,9	41
In Anaërobiose .	33,1	13,2	5,4	14,2	35,5	0	7

O = Obergrund, U = Untergrund.

Der Oberboden hat also durchweg eine teilweise sehr große Steigerung der Kohlensäureproduktion bei Sauerstoffversorgung aufzuweisen, während der normalerweise anaërobe Unterboden das Umgekehrte zeigt, da er offenbar arm an aëroben Mikroorganismen ist; bei längerer Versuchsdauer würde sich das sicher ändern. Die eine gute Durchlüftung gewährleistende Bearbeitung des Bodens mit ihrer Förderung der Mikroorganismentätigkeit ist denn auch eine der wesentlichsten, auch die Kohlensäurebildung befördernde Maßnahme der praktischen Landwirtschaft. DÖNHOFF fand in ungehacktem Boden eine CO_2-Produktion von 3,65 g je Stunde und m^2, bei einmal gehacktem Boden 4,30, bei zweimal gehacktem 4,97 g.

Versuche mit abgestuften Mengen von freiem Sauerstoff haben indessen gezeigt, daß schon bei 6 Vol.-%, also noch nicht dem dritten Teil des normalen Sauerstoffgehaltes der Luft (21%), die CO_2-Bildung fast das Maximum erreichte. Man kann daraus schließen, daß im Boden die Gefahr des Eintretens anaërober Verhältnisse nicht so groß ist wie man das von vornherein annehmen möchte, jedenfalls nicht für kürzere Zeiträume (vgl. auch S. 92); auf die Dauer müßte sich eine schlechte Durchlüftung natürlich bemerkbar machen.

Zu große Feuchtigkeit wirkt infolgedessen in erster Linie durch Sauerstoffverdrängung, setzt also die Kohlensäureproduktion herab, während im übrigen steigende Feuchtigkeit in ähnlicher Weise günstig wirkt wie auf die Zahl der Mikroorganismen. WESTHUES stellte für verschiedene Böden folgendes fest:

Humoser Sandboden (Wasserkapazität 26,98%)		Lehmiger Sandboden (Wasserkapazität 30,53%)		Lehmboden (Wasserkapazität 30,50%)	
Wassergehalt %	CO_2-Bildung	Wassergehalt %	CO_2-Bildung	Wassergehalt %	CO_2-Bildung
2,43	100	2,53	100	2,59	100
5,42	207	5,35	260	5,75	397
7,90	229	10,16	409	8,49	554
12,68	254	15,01	423	13,75	767

Auch unter praktischen Verhältnissen, bei künstlicher Beregnung, wurde diese Förderung gefunden, indem die Bodenatmung auf ungedüngtem Boden durch Beregnung auf über das Doppelte, bei gedüngtem Boden sogar auf über das Dreifache anstieg. Wie die höheren Pflanzen vermögen also auch die Mikroorganismen die Nährstoffe erst bei optimaler Wasserversorgung richtig auszunützen.

Von Natur aus ständig wassergesättigte Böden (Hochmoorböden) versauern auch, wodurch die Kohlensäurebildung weiter herabgedrückt wird. Diese Bedeutung der Acidität dürfte in dieser Richtung allerdings nur bei stark saurer Reaktion hervortreten; wenigstens hat FEHÉR beim Vergleich verschiedener Waldböden ein wesentliches Sinken der Bodenatmung nur bei einer Acidität unter p_H 5 gefunden, da darüber offenbar noch genügend Pilze arbeiten. In solchen Böden steigt die CO_2-Bildung durch Zufuhr von Kalk stark an. PETERSEN fand je 1 m^3 und Tag bei einer stark sauren Laubholzerde

unbehandelt	55,6 g	Kohlensäure gebildet
+ 1% $CaCO_3$	214,7 g	,, ,,
+ 3% $CaCO_3$	334,3 g	,, ,,

Merkwürdigerweise hat man sich mit der Frage der Acidität und Kalkwirkung auf unseren Kulturböden in Hinsicht auf die Bodenatmung noch kaum befaßt; es liegen keine exakten diesbezüglichen Versuche vor.

Daß die Verhältnisse nicht so schematisch einfach liegen, daß unbedingt steigender Acidität sinkende Bodenatmung entspricht, zeigt das nachstehende Beispiel von STEINBERG an einem künstlich

	Stark sauer	Schwach austauschsauer	Schwach alkalisch	Deutlich alkalisch
Bakterien je 1 g Boden . .	21000	53000	40300	78000
Schimmelpilze	6100	20500	3100	1200
CO_2-Produktion je 1 g trockenen Bodens und 24 Stunden in mg . . .	8	12	6	5

auf verschiedene Acidität gebrachten Boden von ursprünglich schlechtem Pufferungszustand, wonach also die CO_2-Bildung im sauren Gebiet zum Teil sehr stark ansteigt, was hier möglicherweise auf die Zunahme der Pilze zurückzuführen ist, wie sie die Übersicht zeigt.

Der Einfluß der Temperatur spiegelt die biologische Bedingtheit der CO_2-Bildung wieder. WOLLNY fand folgende CO_2-Mengen in 1000 Volumen Bodenluft:

Temperatur . . .	10	20	30	40	50° C
CO_2	18,4	54,2	63,5	80,1	81,5

Bei 20° ist also schon $^2/_3$, bei 30° über $^3/_4$ der möglichen Kohlensäurebildung erreicht, was etwa dem entspricht, was wir oben als Temperaturoptimum für die Zahl der Mikroorganismen angegeben haben. Es zeigt sich ferner, daß über 40° keine weitere Steigerung der CO_2-Bildung mehr stattfindet. Wäre sie ein rein chemischer Vorgang, so müßte die Steigerung weiter gehen. Bei noch höheren Temperaturen hört die CO_2-Bildung sogar auf; eine merkliche rein chemische Bildung tritt dann erst bei etwa 90° in Erscheinung.

Der jahreszeitliche Verlauf der CO_2-Bildung entspricht völlig demjenigen der Zahl der Mikroorganismen mit den beiden Maxima in vielen Fällen, die durch Temperatur und Feuchtigkeit bedingt sind. In Waldböden mit ihren gleichmäßigeren Feuchtigkeitsverhältnissen fand FEHÉR dagegen eine völlige Parallelität zum Temperaturverlauf, wie folgendes Beispiel zeigen möge:

	1927 Monat			1928 Monat		
	X	XI	XII	I	II	III
g CO_2 je m^2 . .	0,597	0,518	0,372	0,066	0,229	0,472
Bodentemperatur °C .	9,5	6,2	0,4	—0,05	1,8	2,9

	1928 Monat						
	IV	V	VI	VII	VIII	IX	X
g CO_2 je m^2	0,495	0,613	0,884	1,256	0,924	0,590	0,516
Bodentemperatur °C . . .	8,5	10,7	16,0	21,3	18,2	14,7	10,0

Für die Höhe der Bodenatmung ist natürlich auch die Menge der organischen Substanz wichtig, wie aus den unten S. 24

mitgeteilten Zahlen über die Kohlensäureproduktion von Böden mit sehr verschiedenem Humusgehalt hervorgeht. Merkwürdigerweise hat man öfters die Beobachtung gemacht, daß die Zufuhr von Stalldünger zum Boden die Bodenatmung nicht erhöhte. Aber das ist wahrscheinlich so zu erklären, daß in diesem Falle der Stalldünger von den Mikroorganismen zersetzt wird, die Humusstoffe jedoch, aus denen sonst die CO_2 gebildet würde, durch jene bessere Kohlenstoffquelle vor dem Abbau geschützt werden; das kann man aus allgemeinen physiologischen Erfahrungen schließen.

Von großer Wichtigkeit ist natürlich auch die Natur der organischen Substanz, aus der Kohlensäure gebildet wird. WIESSMANN erhielt die folgenden Werte in g Kohlensäure, wobei 1 kg eines Bodens (mit 5,06 g Kohlenstoff) 1,2 g Kohlenstoff in Form verschiedener Substanzen zugesetzt wurde:

	Stroh	Lupinen (grün)	Pferdemist	Ohne Zusatz
Nach 15 Tagen	0,724	1,278	0,283	0,152
Nach 995 Tagen	7,021	6,271	5,303	3,793
Nach 995 Tagen zersetzt in %	73,4	56,3	34,3	20,4

Auch hier zeigt sich die nachhaltige langsame Wirkung des Stalldüngers, die wir in Hinsicht auf den Stickstoff noch kennen lernen werden (S. 74). Da bei der Düngerrotte die leicht abbaubaren Kohlenstoffverbindungen zerstört sind (S. 73), so vollzieht die CO_2-Bildung sich langsam. Wesentlich ist aber ferner, daß die verschiedenen Zeitquerschnitte ein ganz verschiedenes Bild zeigen: Nach 15 Tagen überwiegt die CO_2-Bildung aus Lupinen weitaus diejenige aus Stroh, nach 995 ist es umgekehrt. Das hängt wahrscheinlich mit dem verschiedenen Stickstoffgehalt des Materials zusammen (0,39% beim Stroh, 4,77% bei Lupinen) und der dadurch verursachten verschiedenen Beeinflussung der sich entwickelnden Mikroorganismen, worauf hier jedoch nicht näher eingegangen werden kann.

Auch mineralische Nährstoffe haben Einfluß auf die Höhe der CO_2-Produktion. Bei Feldversuchen fand LUNDEGÅRDH g CO_2 je Stunde und m^2:

	11. 7.—30. 8. 1922	19. 6.—13. 9. 1923	29. 6.—14. 8. 1923
Ungedüngt	0,28	0,411	0,228
Phosphor, Kalium, Stickstoff	0,83	0,468	0,330

Besonders intensiv wird die CO_2-Produktion dann werden können, wenn alle begünstigenden Faktoren zusammenwirken; im folgenden Fall nach WAKSMAN und HEUKELEKIAN gilt das für Cellulose und Stickstoff:

	CO_2-Produktion von 100 g Boden in 14 Tagen	
	Boden 5 A	Boden 7 A
Ohne Stickstoff und Cellulose . .	75,5	88,6
Mit Cellulose ohne Stickstoff . .	544,5	364,1
Mit Cellulose + 25 mg Stickstoff .	778,3	526,4
Mit Cellulose + 50 mg Stickstoff .	817,3	684,2

Man sieht, wie stark Zugabe von Cellulose die CO_2-Produktion erhöht, wie aber weitere Zufuhr von Stickstoff noch eine weitere ganz erhebliche Steigerung veranlaßt.

V. Kreislauf des Kohlenstoffs (Fortsetzung).

Bildung der Kohlensäure (Gehalt der Bodenluft, Kohlensäureproduktion des natürlichen Bodens). Bilanz des Kohlensäure-Kreislaufes. Kohlensäure als Standortfaktor. Bilanz der Wasserbildung. Bilanz der Wärmebildung.

Infolge der Kohlensäureproduktion im Boden ist der Gehalt der Bodenluft an CO_2 stets erheblich höher als der Gehalt der atmosphärischen Luft daran, der, von lokalen Verhältnissen abgesehen, ziemlich gleichmäßig 0,03 Vol.-% beträgt. Als Durchschnittswerte geben RUSSEL und APPLEYARD folgende an:

Grasboden.	0,5% CO_2	Weizenfeld, ungedüngt	0,3% CO_2
Festucawiese	2,7% CO_2	Weizenfeld, gedüngt .	0,5% CO_2
Aira-caespitosa-Wiese	1,5% CO_2	Brache	0,1% CO_2

Im Maximum fanden sie in der Festucawiese 9,1% CO_2, WOLLNY in der Bodenluft von Brachland sogar einmal 21,8%. Nach der Tiefe wird der CO_2-Gehalt größer, nicht etwa wegen der dort stärkeren CO_2-Produktion, die im Gegenteil wegen der anaëroben Verhältnisse geringer ist, sondern wegen der erschwerten Diffusion in die freie Atmosphäre. LAU fand bei verschiedenen Tiefen % CO_2, wobei die Minimalzahlen im Winter, die Maximalzahlen im Sommer lagen:

	Sandboden	Lehmboden	Moorboden
15 cm Tiefe	0,06—0,19	0,05—0,27	0,10—0,75
30 cm Tiefe	0,06—0,31	0,09—0,47	0,34—1,12
60 cm Tiefe	0,11—0,57	0,20—1,13	1,01—3,37

Auch die atmosphärische Luft unmittelbar über dem Boden kann höheren CO_2-Gehalt aufweisen als dem „Normalgehalt“ entspricht; das gilt namentlich für Waldböden, mit ihrer stärkeren CO_2-Produktion und der verringerten Diffusionsmöglichkeit.

Zweifellos übt der höhere CO_2-Gehalt der Bodenluft auch einen Einfluß auf die Mikroorganismentätigkeit aus, und zwar in zweierlei Richtung: Einmal ist bekannt, daß höhere CO_2-Konzentration einen hemmenden Einfluß ausübt, zum andern hat sich gezeigt, daß auch die Heterotrophen zu ihrer normalen Entwicklung gewisse Mengen an Kohlensäure gebrauchen. Es ist jedoch zur Zeit noch nicht möglich, beide Faktoren in ihrer Bedeutung für das Mikroorganismenleben im Boden, die sie sicherlich haben, zu bestimmen.

Den genannten Bedingungen gemäß ist nun die natürliche Kohlensäureproduktion der Böden, die Bodenatmung, sehr verschieden. Die folgenden Zahlen bringen einige Werte nach Lundegårdh in g je Stunde und m²:

Sandboden, ungedüngt			2,0
„	„	humusreich	3,99
Lehmboden	„		3,97
„	„	„	4,11
Buchenwald			15,4—22,0
Erlenwald			11,7—23,4
Wiesenboden, mager			3,3

Bemerkenswert ist noch die hohe Bodenatmung von mit Leguminosen bestandenen Feldern im Vergleich zu derjenigen von Getreidefeldern, was wohl auf die Tätigkeit der Leguminosenbakterien zurückzuführen ist. Dönhoff fand g CO_2 je Stunde und m²

bei	Brache	6,36
„	Erbsen	4,87
„	Steinklee	4,60
„	Sommerroggen	3,65
„	Hafer	2,77

Diese Zahlen sind so gewonnen, daß der Kohlensäuregehalt in der Luft einer dem Erdboden aufgesetzten Glocke bestimmt wird, und zwar sofort nach dem Aufsetzen und kurz nachher, solange noch keine Hemmung der Ausströmung durch die Raumbeschränkung innerhalb der Glocke eingetreten ist; auch ist das analysierte Luftvolumen so klein, daß kein erhebliches Nachströmen der kohlensäurereichen Bodenluft zu befürchten ist. Es ist das die bisher beste Methode solcher Bestimmungen.

Bei der Bodenatmung entfallen nun etwa $^2/_3$ auf die Tätigkeit von Mikroorganismen, das übrige $^1/_3$ auf die Atmung der Pflanzenwurzeln. Nur jene $^2/_3$ stammen natürlich aus dem Boden, während das $^1/_3$ der höheren Pflanzen ja nur die von diesen aus der Atmosphäre eingefangene Kohlensäure ist.

Bei der Frage nach der Bedeutung der durch die Mikroorganismen im Boden gebildeten Kohlensäure hat man zweierlei auseinander zu halten:

1. Die allgemeine Bedeutung der Kohlensäure.
2. Die Standortsbedeutung der Kohlensäure.

Zu 1. Daß die Regeneration der Kohlensäure im Boden notwendig ist zur Gewährleistung des Lebens der höheren Pflanzen (und somit auch des Menschen), ein notwendiger Faktor im Kreislauf des Kohlenstoffs, wurde schon betont, läßt sich aber durch einige Zahlen noch sinnfälliger vor Augen führen. Der Kohlensäuregehalt der atmosphärischen Luft beträgt durchschnittlich 0,03 Vol.-%. Somit enthält die Lufthülle der Erde nach SCHROEDER etwa 2100 Billionen kg Kohlensäure. Etwa entsprechend 1100 Billionen kg Kohlensäure sind in der Pflanzendecke, etwa entsprechend 8500 Billionen kg in den Kohlenvorräten der Erde in organischer Form, bzw. als Kohlenstoff aufgestapelt. Die jährliche Pflanzenproduktion auf der Erde beträgt etwa entsprechend 60 Billionen kg Kohlensäure. Somit wären die 2100 Billionen kg Kohlensäure der Lufthülle bei gleichbleibender Assimilation in einigen 30 Jahren bereits erschöpft. Da nun seit ALEXANDER V. HUMBOLDT, der vor über 100 Jahren zuerst solche Messungen anstellte, der Kohlensäuregehalt der Luft gleich geblieben ist, so geht schon daraus hervor, daß sich Festlegung und Regeneration jährlich entsprechen müssen.

Man kann das noch auf andere Weise zeigen: Die jährliche Kohlensäureproduktion je ha beträgt etwa 8000 kg. 70 Millionen km^2 (= 7000 Millionen ha) Wald und Kulturland auf der Erde gerechnet, würden demnach 56 Billionen kg Kohlensäure produzieren. Wir kommen also zu der gleichen Zahl wie wir sie durch Schätzung der Pflanzenproduktion der Erde (oben, 60 Billionen kg) erhalten. Soweit man das überhaupt bei solchen Überschlagsrechnungen erwarten kann, zeigt sich also schön die Übereinstimmung von Festlegung und Regeneration.

Hierbei sind allerdings noch einige weitere Zahlen nicht berücksichtigt. Der Gehalt des Meerwassers an Kohlensäure wird, bei einem mittleren Gehalt von 0,6 Vol.-%, absolut auf ungefähr 16000 Billionen kg geschätzt, also auf fast die 8fache Menge der Luftkohlensäure. Ferner kämen noch die im Meerwasser enthaltenen organischen Massen in Frage. Es scheint aber, daß sich eine Wirkung des Meeres auf den CO_2-Gehalt der Atmosphäre jedenfalls nur sehr langsam vollzieht, weil sich sonst die großen lokalen Schwankungen im Gehalt der Luft an Kohlensäure nicht erklären ließen. Ebenso müßte die in den Carbonaten festgelegte Kohlensäure noch berücksichtigt werden. Man kann aber nach den obigen Darlegungen mit gutem Grunde annehmen, daß sich auch hier im großen Kreislauf der Stoffe in der Natur ein Gleichgewicht herausgebildet hat, das sich eben nur im Laufe geologischer Zeiträume verschieben kann und jedenfalls in für menschliche Verhältnisse langen Zeiträumen praktisch konstant bleibt. Und ein solches Gleichgewicht scheint auch zwischen dem Kreislauf des Kohlenstoffs in und über dem festen Lande und dem Kreislauf in und über dem Meere zu bestehen, so daß wir uns für unsere Überschlagsrechnung auf das feste Land beschränken können, ohne wesentliche Fehler zu machen, die wir, bei Heranziehung der gänzlich unsicheren Verhältnisse im Meere, vielleicht nur vergrößern würden.

Zu 2. So klar nun die Bedeutung des Kohlenstoffkreislaufes in der soeben besprochenen Richtung liegt, so ist sie heute noch sehr umstritten, wenn man danach fragt, wieweit die Kohlensäure ein Standortfaktor ist. Die extremste Anschauung besagt hier, daß die Pflanzen unmittelbar die aus dem Boden aufsteigende Kohlensäure zum größten Teil abfangen, sie also nicht erst auf dem Umwege über die Atmosphäre beziehen, deren Kohlensäure gewissermaßen den nicht von den Pflanzen abgefangenen Rest darstellen soll. Rein praktisch hat sie dann bereits zu der Folgerung geführt, daß man den Pflanzen zur Erzielung höherer Ernten künstlich mehr Kohlensäure zuführen müsse. Es ist hier jedoch zum Teil ganz außerordentlich über das Ziel hinausgeschossen worden. Tatsache ist, daß der Kohlensäuregehalt der Luft nicht das Optimum für unsere Pflanzen darstellt. Sicher kann in geschlossenen Räumen, etwa Gewächshäusern, wo der Zutritt der Kohlensäure sehr erschwert ist, oft sogar ein absoluter Mangel daran eintreten und künstliche Kohlensäurezufuhr gewisse Erfolge bringen. Auf diesem Gebiete hat die praktische Anwendung auch bereits zu erheblichen Erfolgen geführt. Andererseits erscheint es möglich, daß in dem besonders kohlensäurereichen Walde (siehe oben S. 24 die Zahlen der CO_2-Produktion) dadurch der Lichtmangel gewissermaßen etwas kompensiert wird. Höchst zweifelhaft ist dagegen, ob man mit vermehrter Kohlensäurezufuhr auf dem freien Felde, dem eigentlichen Arbeitsgebiete der Landwirtschaft, etwas wird erreichen können.

Zwei Wege ständen hierbei zur Verfügung: Einmal Zuleitung der industriell entstandenen und gereinigten Kohlensäure (allerdings nur in beschränkten Gebieten anwendbar), sodann Anregung der Mikroorganismentätigkeit zwecks erhöhter Kohlensäureproduktion, etwa vermittels der oben besprochenen Faktoren. So hat man z. B. die Behauptung aufgestellt, daß die ertragsteigernde Wirkung der künstlichen Düngemittel in der Hauptsache eine Kohlensäurewirkung sei, indem die Förderung der Mikroorganismentätigkeit des Bodens die Bodenatmung erhöhe, was ja zweifellos der Fall ist, und die höheren Pflanzen so unmittelbar mehr CO_2 abfangen könnten. Aber warum soll diese fördernde Wirkung der Düngemittel die Mikroorganismen stärker betreffen als die höheren Pflanzen? Man sieht, zu welch grotesken Schlüssen eine einseitige Stellungnahme gelangt. Jedenfalls hat man auf dem freien Felde eben bisher noch keinen einwandfreien Nachweis einer solchen Kohlensäurewirkung bei künstlicher Zufuhr erbringen können, die sich in erhöhter Pflanzenproduktion äußerte. Hier diffundiert offenbar die Kohlensäure, durch Luftströmungen unterstützt, so schnell, daß der praktische Erfolg, den man theoretisch vielleicht erwarten könnte, nicht nachweisbar ist. Es liegt also einstweilen noch kein Grund vor, die Kohlensäure als einen so ausgesprochenen Standortsfaktor zu betrachten, wie das etwa beim Stickstoff der Fall ist (S. 39), wenn auch diese ganze Frage eingehender Untersuchungen bedarf.

Da die Mineralisation organischer Substanzen durch Mikroorganismen eine biologische Verbrennung ist, so entstehen außer Kohlensäure auch Wasser und Wärme, wie bei der rein chemischen Verbrennung (Oxydation). Beide Produkte spielen jedoch bei den Umsetzungen in der Natur keine große Rolle. Was die Wasserbildung betrifft, so würde eine Menge von 8000 kg CO_2 je 1 ha, Zucker als Verbrennungsmaterial angenommen, einer Wassermenge von 3280 kg entsprechen und somit einer jährlichen Niederschlagsmenge von nur 0,33 mm Regen, was natürlich gar nicht ins Gewicht fällt. Bei dem Feuchtwerden oder Schmierigwerden von ursprünglich einigermaßen trockenen Futter- oder Nahrungsmitteln kann dagegen diese Erscheinung nicht nur durch Anziehen von Wasser aus der Luft, sondern auch durch biologisch gebildetes Wasser erfolgen, wenn von Anfang an gerade noch so viel Feuchtigkeit vorhanden ist, daß sich an trockene Umgebung stärker angepaßte Pilze entwickeln und durch ihre Atmung Wasser bilden können.

Ähnliches gilt für die Wärmebildung. Für den Erdboden hat Hesselink van Suchtelen festgestellt, daß der kalorische Effekt der Kohlensäureproduktion genau dem Verbrennungswert der zersetzten Humussubstanz und einer stündlichen Wärmeproduktion von 0,008° C entspricht. Diese Wärmebildung ist im allgemeinen im Boden jedoch zu gering, um als besonderer Faktor merklich in Erscheinung zu treten. Bei einer Kohlensäureproduktion von 0,4 g je Stunde und m², wie wir sie als ungefähre Durchschnittszahl für einen normalen Ackerboden annehmen können, würde diese Fläche, wenn wir mit einer Schichthöhe von 40 cm rechnen, und den Verbrennungswert von Zucker annehmen, nur um etwa 0,005° C stündlich erwärmt werden, was mit der obigen experimentell gefundenen Zahl gut übereinstimmt und sicherlich ohne Einfluß sein wird. Man kann jedoch annehmen, daß sie u. U. in Betracht kommen kann. Das könnte z. B. im Walde der Fall sein, sicher aber wohl in Frühbeetkästen, wo große Mengen organischer Substanz zersetzt, und die Wärmeableitung durch Bedecken herabgesetzt wird, zumal da die dort kohlensäurereichere Luft die Ausstrahlung noch weiter vermindert.

Als Beispiel für eine intensive biologische Wärmebildung durch Mikroorganismentätigkeit mag der lagernde Stalldünger dienen, dessen diesbezügliche Eigenschaft ja bekannt ist (vgl. die Heißmistbereitung, S. 75), ganz besonders aber die Selbsterhitzung und evtl. Selbstentzündung von Heu, die unter geeigneten Bedingungen eintreten kann und die nach MIEHE folgendermaßen verläuft: In der ersten Phase sind gewisse aërobe Mikroorganismen tätig, wie von Bakterien Bacillus coli, daneben Schimmelpilze wie Aspergillus, Oidium lactis. Die Temperatur steigt durch ihre Tätigkeit bis auf etwa 45° C; dann werden sie durch thermophile Bakterien, wie Bacillus calfactor, abgelöst, für den diese Temperatur etwa die untere Grenze seiner Wachstumsmöglichkeit bedeutet; sein Optimum liegt erst bei etwa 60° C, doch vermag er noch über 70° zu wachsen und bringt das Heu etwa auf diese Temperatur, stirbt dann aber ab, so daß dieses bei etwa 80° C steril wird. Die letzte Phase ist dann wahrscheinlich rein chemischer Natur: Bildung flüchtiger hochoxydabler Verbindungen, die sich bei plötzlichem Luftzutritt von selbst entzünden können. Derartige Anhäufungen organischer Massen sollen denn auch der natürliche Standort thermophiler Bakterien sein (vergl. oben S. 14).

Es sei hier noch darauf hingewiesen, daß nach MIEHE auch die Erwärmung keimender Samen auf die Atmung der sich darauf entwickelnden Mikroorganismen zurückzuführen ist, nicht auf die Atmung der Keimlinge selbst; denn sterile Keimlinge erwärmen sich nur wenig.

VI. Kreislauf des Kohlenstoffs (Fortsetzung).

Die zur Kohlensäurebildung führenden Vorgänge [Zertrümmerung der Kohlenhydrate, Cellulosezersetzung (anaërob, thermophil, bei gleichzeitiger Denitrifikation, aërob)].

Von der Betrachtung der Bilanz der Kohlensäure wenden wir uns nunmehr zu den wesentlichen Einzelvorgängen, welche zu ihrer Bildung führen, und zwar betrachten wir zunächst die Zersetzung der Polysaccharide, welche die Kohlenhydrate und Cellulosebestandteile der Pflanzen umfassen, wobei wir allerdings auch noch das Verhalten der sekundär veränderten pflanzlichen Zellwände anschließen.

Die Kohlenhydrate, Zucker und Stärke, kommen im biologischen Kreislauf des Bodens für die Mikroorganismen verhältnismäßig wenig in Betracht. Sie werden entweder von den Pflanzen selbst in andere organische Stoffe übergeführt oder im Betriebstoffwechsel verwendet, teilweise nach vorheriger Speicherung in Samen und vegetativen Reservestoffbehältern; oder sie dienen zur tierischen oder menschlichen Ernährung, wobei der größte Teil auf dem Wege der Atmung zu Kohlensäure verbrannt wird. Ein weiterer Teil wird zu menschlichen Genußmitteln verarbeitet, wie bei der Herstellung alkoholischer Getränke.

Aus den auf natürliche Weise absterbenden Pflanzenteilen (Stroh, herbstlich abfallende Blätter, altes Holz) werden diese wertvollen Stoffe von der Pflanze selbst zum größten Teil herausgezogen. Die Folge davon ist also, daß diese Stoffe nur in verhältnismäßig geringen Mengen in den Erdboden gelangen, wo sie natürlich als eine für die allermeisten Mikroorganismen ausgezeichnete Kohlenstoffquelle sofort der Zersetzung anheimfallen. Es erübrigt sich hier, auf Einzelheiten einzugehen, und es genügt, festzustellen, daß Hefen, Milchsäurebakterien, Buttersäurebakterien, Schimmelpilze, alles typische Kohlenhydratvergärer, in jedem Erdboden häufig sind.

So bleiben von den Polysacchariden also im wesentlichen die Zellwandbestandteile der Pflanzen übrig, als derjenige Teil ihrer organischen Reste, der weitaus überwiegend als Substrat der Mikroorganismentätigkeit im Boden in Frage kommt. Ihr vornehmlichster Bestandteil ist die Cellulose, wie sie in Filtrierpapier und Verbandwatte in reiner Form vorliegt. Ihr Schicksal im Boden wollen wir nunmehr betrachten.

Cellulose kann unter anaëroben und aëroben Verhältnissen zersetzt werden. Die anaërobe Cellulosezersetzung wurde zuerst eingehend von OMELIANSKI untersucht. Sie verläuft also bei Luftabschluß, in der Natur auf dem Grunde von Gewässern, im Stallmist usw., und optimal bei 35° C. Man kann sie jederzeit erzeugen, wenn man Filtrierpapierschnitzel mit einer Lösung von 0,1% Kaliumphosphat, 0,1% Ammoniumsulfat, 0,05% Magnesiumsulfat und einem Bodensatz von kohlensaurem Kalk, mit Mist oder Schlamm geimpft, bei obiger Temperatur unter Luftabschluß stehen läßt. Die Cellulose zerfällt, meist unter Gelbfärbung; es entstehen in wechselnden Mengen Essig- und Buttersäure (zusammen 50—70% der angewendeten Cellulose) und als Gase Methan, Wasserstoff, Kohlensäure. OMELIANSKI gelang es, nach Erhitzen auf 75° C reine Wasserstoffgärung (neben Kohlensäure und den organischen Säuren) zu erhalten, während in den nicht erhitzten Kulturen reine Methan-(Sumpfgas-) Gärung stattfand. Es fand sich in beiden Fällen ein unbewegliches Bakterium mit Endosporen in dem einen trommelschlägelförmig angeschwollenen Zellende; das Wasserstoffbakterium war $0{,}5 \times 4 - 15\ \mu$, das Methanbakterium $0{,}4 \times 5\ \mu$ groß.

Es ist später jedoch durchaus zweifelhaft geworden, ob OMELIANSKI tatsächlich Reinkulturen vor sich hatte, und die erwähnten Bakterien die wirklichen Cellulosezersetzer waren. Die üblichen Methoden der Reinkultur haben bei OMELIANSKI ziemlich versagt. So behaupten einige Forscher, aus der OMELIANSKIschen „Reinkultur" mehrere (aber aërobe!) Cellulosezersetzer und mehrere Begleitbakterien herausgezüchtet zu haben, wobei den Begleitbakterien die Gasbildung zuzuschreiben sei, sodaß die Möglichkeit zu berücksichtigen war, daß es sich hier um ein kompliziertes Zusammenleben mehrerer Formen handelt. In neuester Zeit mehren sich allerdings wieder die Beobachtungen, wonach die OMELIANSKI-Bakterien doch die anaëroben Cellulosezersetzer sind, ohne daß bisher ein vollgültiger Beweis erbracht werden konnte. Wie schwierig die Verhältnisse liegen, mag man daraus ersehen, daß TETRAULT 114 Einzelbakterien eines thermophilen anaëroben Cellulosezersetzers isolierte, aber nur in 4 Fällen Erfolg mit Anwachsen hatte; aber diese isolierten Bakterien zersetzten keine Cellulose. Jedenfalls läßt sich zur Zeit noch nichts Abschließendes sagen, so daß ein Hinweis auf die sonstigen zahlreichen Feststellungen unterbleiben kann.

Man kennt auch eine thermophile anaërobe Cellulosezersetzung, die optimal bei 65° C verläuft, wobei ähnliche Bakterien und die gleichen Stoffwechselprodukte gefunden wurden. Auch hier dürfte das oben Gesagte gelten.

Ziemlich aufgeklärt, wenigstens was den Vorgang selbst betrifft, ist heute die Cellulosezersetzung bei gleichzeitiger Denitrifikation (S. 89ff.), wobei der Stickstoff des Salpeters, in Form von elementarem Stickstoff in Freiheit gesetzt wird (s. S. 89). Man dachte naturgemäß ursprünglich an die Tätigkeit einer einzigen Bakterienart; es hat sich jedoch herausgestellt, nach einer Vermutung des Verfassers und eingehenden Untersuchungen von GROENEWEGE, daß es sich um ein enges Zusammenleben von aëroben Cellulosezersetzern und denitrifizierenden Bakterien handelt, wobei jene diesen das Energiematerial, diese jenen den Sauerstoff liefern. Denn bei der Denitrifikation tritt Stickstoffoxydul (N_2O) auf, das seinen Sauerstoff sehr leicht abgibt. Wie es die Verbrennung eines glimmenden Spanes genau wie freier Sauerstoff zu unterhalten vermag, so vermag es auch aëroben Bakterien den Atmungssauerstoff zu liefern.

Der eben besprochene Vorgang hat früher die praktische Landwirtschaft außerordentlich beunruhigt, da man fürchtete, daß der für die Pflanzen so wertvolle Salpeter des Bodens auf diese Weise in Verlust gerate, um so mehr als tatsächlich Salpeter im Boden nach Zusatz von Cellulose, auch von Zucker usw., verschwindet. Es hat sich indes herausgestellt, daß in normal durchlüftetem Ackerboden eine Denitrifikation nicht eintritt (im übrigen siehe S. 91), das Verschwinden des Salpeters vielmehr auf eine (vorübergehende) Festlegung des Stickstoffs durch die Mikroorganismen des Bodens zu Körpereiweiß zurückzuführen ist, wie folgender Versuch nach A. KOCH zeigt:

	Ernte je Gefäß in g im				Gesamt-Ernte nach 11 Jahren
	1. Jahr	2. Jahr	3. Jahr	4. Jahr	
Ohne. . . .	125,5	144,0	72,0	68,5	1296,0
120 g Papier	3,5	Nicht bepflanzt	60,4	117,5	1214,0

Man sieht, wie die Cellulosezugabe anfänglich vernichtend auf die Ernte wirkt, wie aber vom 4. Jahre an der ursprünglich festgelegte Stickstoff allmählich zur Wirkung kommt und nach 11 Jahren in beiden Reihen der erzielte Ertrag ganz gleich ist.

Im Grunde genommen ist also die eben besprochene anaërob verlaufende Cellulosezersetzung ein aërober Vorgang. Eine aërobe Cellulosezersetzung findet nun im Erdboden überall statt. Man kann dies leicht mit der Methode von CHRISTENSEN zeigen, indem man fein gesiebte Erde in eine Schale gibt, anfeuchtet und Filtrierpapierstreifen auf die möglichst geglättete Oberfläche aufdrückt. Auf dem Papier treten zuerst gelbliche, bräunliche, rötliche, schwärzliche Flecken auf, bis schließlich alles restlos durch Mikroorganismenmasse ersetzt und zersetzt ist.

Verwendet man Streifen von gleicher Größe, so kann man auch die Fähigkeit verschiedener Böden zur Cellulosezersetzung, das Cellulosezersetzungsvermögen, einigermaßen quantitativ nach der Schnelligkeit der Papierzersetzung vergleichen. Man wird z. B. auf Komposterde schnellere Zersetzung finden als auf Ackerboden, auf diesem wieder schnellere als auf Sandboden, als Maßstab für den verschiedenen Reichtum an cellulosezersetzenden Mikroorganismen. Auf sauren Böden, etwa Niederungsmoor, würde sie erst bei Zusatz von neutralisierendem Kalk eintreten, wenn es sich nicht gerade um einen sehr stark sauren Hochmoortorf handelt, auf dem auch Zufuhr von Kalk nichts nützen würde, sondern außerdem eine Impfung erfolgen müßte etwa mit einer Aufschwemmung von Ackerboden; das ist ein Zeichen, daß hier die cellulosezersetzenden Mikroorganismen fehlen. In der Natur tritt eine solche Infektion jeder Zeit leicht und schnell ein, so daß auf neu kultiviertem Hochmoorboden eine künstliche Impfung mit Cellulosezersetzern nicht nötig ist.

Für diese aërobe Cellulosezersetzung kommen zweifellos eine ganze Anzahl von Mikroorganismen in Betracht. Für sehr viele Pilze ist diese Fähigkeit nachgewiesen, für Aspergillus-, Penicillium-, Botrytis-, Mycogone-, Stemphylium-, Trichoderma- usw. Arten, um nur einige zu nennen. Es sind das Pilze, die im Erdboden und auf abgestorbenem Laub sehr häufig sind. Ihre Fähigkeit zur Cellulosezersetzung ist aber verhältnismäßig gering; d. h. die Zersetzung erfolgt ziemlich langsam. Auch einige Actinomyceten greifen, wenn auch langsam, Cellulose an, Hefen dagegen nicht.

Intensiver vermögen Bakterien aërob Cellulose zu zersetzen. Jedoch sind auch auf diesem Gebiet unsere Kenntnisse noch sehr gering. Zwar sind von zahlreichen Forschern eine große Anzahl aërober, cellulosezersetzender Bakterien, auch thermophiler, beschrieben, von einem Autor beispielsweise allein 50 (!) Arten; aber in den allermeisten Fällen lassen sich noch Zweifel erheben, ob es sich wirklich um Reinkulturen dabei handelte. Viele dieser Formen sollen nämlich auf allem möglichen künstlichen Substrat wachsen, was nicht für ihre Natur als Cellulosezersetzer spricht.

Nun haben vor einigen Jahren HUTCHINSON und CLAYTON eine Form beschrieben, die sie Spirochaeta cytophaga nannten, die sehr verbreitet und ein typischer, nur auf Cellulose gedeihender, aërober Cellulosezersetzer sein soll. Es sind zugespitzte, gewundene Formen von 3—8 μ Länge und nur 0,3—0,4 μ Dicke. Dazu soll noch eine große Kokkenform als Entwicklungsstadium gehören. WINOGRADSKY bestätigte einen Teil dieser Untersuchungen, erkannte aber die Kokkenform als Verunreinigung. Er stellte dann 3 Gruppen auf: Cytophaga, welche der genannten Form ohne die Kokken entspricht, Cellvibrio, bewegliche Vibrionen, und Cellfalcicula, kleine, unter 2 μ große, bewegliche Formen. KRCZEMIENIEWSKA und FLEHMIG beschreiben in neuester Zeit wieder eine Form, die aus größeren Kokken und Stäbchen bestehen und mit den Myxobakterien Ähnlichkeit haben soll. BOKOR fand einen Organismus, der offenbar zu den Actinomyceten gehört, aber morphologische Besonderheiten aufweist, indem seine Fäden in einzelne Bruchstücke zerfallen, die kleine Sporen führen, während sonst die Sporen der Actinomyceten nur am Ende bestimmter Hyphen ausgebildet werden. Der Organismus wuchs, wie auch teilweise die oben erwähnten, nur auf Cellulose und wird schon durch geringe Zuckermengen gehemmt.

Die nur kurz angedeuteten Untersuchungen haben jedenfalls ergeben, daß es typische, nur auf Cellulose gedeihende Cellulosezersetzer gibt; aber außer Formen, die als normale Bakterien anzusprechen sind, scheint hier eine Fülle noch nicht bekannter Formen oder Gruppen von Mikroorganismen vorzuliegen, über die erst dann Genaueres ausgesagt werden kann, wenn erheblich mehr Beobachtungen und mehr Vergleichsmaterial vorliegt. Das Gebiet wird sich sicherlich als eines der interessantesten der Mikrobiologie erweisen.

Über den Chemismus der aëroben Cellulosezersetzung ist noch wenig bekannt. Man hat allerdings — zuerst BEHRENS, dann PRINGSHEIM — festgestellt, daß als Zwischenprodukte reduzierende Zucker, Glucose und Cellobiose, diese ein Disaccharid, das auch beim chemischen Abbau auftritt, entstehen; das kann man so nachweisen, daß man eine kräftig wachsende Kultur mit Chloroform versetzt, wobei das Wachstum und damit die Verarbeitung der Zwischenprodukte unterbunden wird, die Enzymbildung dagegen weiter geht; so können sich die Zwischenprodukte anhäufen. KALŅIŇS teilt sogar mit, ohne Zusatz von Antisepticis in seiner Kultur von B. protozoides eine Anhäufung von Zucker erhalten zu haben, die 30% der zugefügten Cellulose entsprach.

VII. Kreislauf des Kohlenstoffs (Fortsetzung).

Die zur Kohlensäurebildung führenden Vorgänge, Fortsetzung. [Cellulosezersetzung, Fortsetzung (Symbiosen). Zersetzung von Hemicellulosen, Pectin (Röste von Gespinstpflanzen), Lignin. Zersetzung organischer Säuren. Oxydation von Wasserstoff, Kohlenmonoxyd, Methan usw. Erdgeruch. Zersetzung von Fett].

Die Frage der Bildung solcher Zwischenprodukte ist von großer Wichtigkeit auch noch für ein anderes Gebiet. Die herbivoren Säugetiere nämlich vermögen reine Cellulose sehr gut zu verwerten, fast so gut wie Stärke; sie besitzen aber kein Cellulose lösendes Enzym. So erscheint es sicher, daß die Resorption sich mit Hilfe der in den Verdauungsorganen befindlichen und nachgewiesenen cellulosezersetzenden Mikroorganismen erfolgt.

Ein ganz neues und unerwartet ausgedehntes Gebiet hat nun weiter BUCHNER erschlossen, indem er uns eine Fülle der verschiedensten Symbiosen von holzfressenden Insekten mit Mikroorganismen aufzeigte. Anobiiden, Klopfkäfer, Sitodrepa, der Brotkäfer, die Borkenkäfer, die Rüsselkäfer, eine große Zahl von Dipteren usw. sind mit komplizierten Mikroorganismen führenden Organen ausgestattet, wobei Sorge getragen ist, daß auch dem Ei der Symbiont mitgegeben wird. Ob nun die Mikroorganismen die Enzyme liefern oder die Zwischenprodukte des Abbaus, ist noch nicht festgestellt.

Auch die pflanzlichen Symbiosen gewisser Mycorrhizatypen, die wir später kennen lernen werden (S. 112 f.), können vielleicht hierzu gerechnet werden. Jedenfalls zeigt sich, daß sich eine große Zahl von höheren Organismen nicht auf den allgemeinen Kreislauf der Stoffe verläßt, sondern sich Einrichtungen geschaffen hat, welche ihnen die Mitwirkung der Mikroorganismen ganz unmittelbar zugute kommen lassen. Diese Erkenntnis auf dem Gebiete der Kohlenstoffversorgung ist noch verhältnismäßig jung, während man über die entsprechenden Verhältnisse der Stickstoffversorgung schon länger unterrichtet ist oder sie wenigstens schon ahnte.

Von den Zellwandbestandteilen der Pflanzen haben wir bisher nur die reine Cellulose betrachtet, die das hauptsächlichste Gerüst bildet, aber in der Natur selten, wie in den Baumwollhaaren, in annähernd reiner Form vorkommt. Mehr oder weniger ist sie stets begleitet von Hemicellulosen, die z. B. in manchen Samen, wie Steinnuß, Lupine usw. als alleiniger Zellwandbestandteil und zugleich als Reservestoff vorhanden sind, und die sich durch etwas leichtere Löslichkeit verdünnten Mineralsäuren gegenüber sowie dadurch unterscheiden, daß sie beim

Abbau nicht Glucose, wie die Cellulose, sondern andere Zucker ergeben, wie von Hexosen die Galactose und Mannose, von Pentosen die Xylose und Arabinose, je nach der Zusammensetzung. Stroh enthält z. B. 24—30% beim Abbau vornehmlich Xylose liefernde Pentosane. Irgend etwas Besonderes über die Zersetzung durch Mikroorganismen im Vergleich zur Cellulosezersetzung ist nicht zu bemerken.

Es sei nur kurz noch auf die Verhältnisse im Stalldünger hingewiesen, dessen Strohbestandteile, wie erwähnt, reich an Pentosanen sind. Der Stalldünger wird ja nicht in frischem Zustande auf das Feld gebracht, sondern erst einer Rotte unterworfen, welche u. a. den Zweck hat, einen Teil der Kohlenhydrate und Zellwandbestandteile zu zerstören, damit nicht auf dem Felde die oben S. 31 erwähnte Festlegung des löslichen Stickstoffs eintritt. Hierbei werden nun Zucker und Stärke am stärksten, Hemicellulosen weniger stark, aber doch noch stärker als die am wenigsten angegriffene Cellulose abgebaut. Man rechnet etwa mit folgenden Mengen, die während der Rotte verschwinden:

Zucker, Stärke	Hemicellulosen	Cellulose
20—30 %	15—20 %	7—10 %

Die biologische Abbaumöglichkeit geht also der chemischen genau parallel.

Einiges muß nun noch über die Pectinzersetzung gesagt werden. Das im Pflanzenreich verbreitete und den Hemicellulosen etwas nahe stehende Pectin findet sich namentlich in den Zellwänden, wo es die bei der Zellteilung zuerst entstandene „Primärmembran" bildet, welche später, nach erfolgtem Dickenwachstum der Zellwand, deren mittlere Schicht, die Mittellamelle, darstellt. Viele Mikroorganismen vermögen sie zu zersetzen. Eine Reihe von pflanzenpathogenen Pilzen, wie Botrytis, Ascochyta, wachsen in der befallenen Pflanze immer gerade innerhalb der Mittellamelle, die sie auflösen. Auch das auf allen absterbenden und abgestorbenen Pflanzenteilen häufige Cladosporium herbarum vermag Pectin zu zersetzen.

Daneben kommt einer ganzen Anzahl Bakterien die Fähigkeit der Pectinzersetzung zu, und dieser Vorgang hat auch eine gewisse praktische Bedeutung erlangt bei der Röste der Gespinstpflanzen, z. B. von Flachs. Sie wird als Tau- oder Wasserröste angewendet, indem der Flachs entweder auf der Erde der Einwirkung des Taus ausgesetzt liegt oder in wassergefüllten Gruben gelagert wird. Es dringen dabei Bakterien in das Innere des Stengels (durch die Spaltöffnungen) ein und lösen die Faser heraus, indem sie die Pectinmittellamelle zerstören, welche diese

Faser von dem umgebenden Parenchymgewebe trennt. Die Faser selbst, die aus vielen Einzelzellen besteht, zerfällt jedoch nicht weiter, da die Mittellamellen dieser Faserzellen verholzt sind und dem Angriff der Bakterien widerstehen (siehe unten). Solche Bakterien sind Bacillus amylobacter (S. 44 ff.) und felsineus, 2 strenge Anaëroben, B. asterosporus (S. 46) von fakultativ Anaëroben, B. subtilis, mesentericus (S. 62) als typische Aëroben; alle sind sporenbildende Bakterien. Man hat auch schon mit Erfolg damit begonnen, die Röste mit Reinkulturen solcher Bakterien durchzuführen, wodurch, namentlich, wenn noch das Wasser warm gehalten wird (Warmwasserröste), ein schnellerer Ablauf der Röste gewährleistet wird und unerwünschte Nebenerscheinungen, wie Tätigkeit cellulosezersetzender Mikroorganismen, wodurch die Faser selbst angegriffen werden kann, unterbleiben.

Einen wesentlichen Bestandteil der pflanzlichen Zellwände haben wir noch nicht besprochen, nämlich denjenigen, der die Verholzung bedingt, wie sie für Holz, Stroh usw. charakteristisch ist, die Durchdringung der Cellulosegrundsubstanz der Zellwand mit Ligninsubstanzen. Über die Chemie des Vorganges weiß man noch sehr wenig. Was den Abbau durch Mikroorganismen betrifft, so ist sehr auffallend, daß diese Substanz für Bakterien nahezu unangreifbar zu sein scheint; wenigstens vermochte man nur ganz geringfügige Einwirkungen festzustellen.

Gleichzeitig schützen diese Ligninstoffe auch die Cellulosegrundsubstanz vor dem Abbau. Es steht im Zusammenhang damit, daß Stroh als Futtermittel für Tiere nicht geeignet ist. Erst „aufgeschlossenes" Stroh, wie es in der Kriegsnotzeit eine so große Rolle spielte, wird verdaut: Hier sind nämlich durch Behandlung mit verdünnten Laugen die Ligninsubstanzen entfernt, die Cellulosegrundsubstanz ist übrig geblieben. Die cellulosezersetzenden Bakterien, welche, wie oben erwähnt, die Verdauung der Cellulose vermitteln, können nunmehr in Tätigkeit treten.

Der Abbau des Lignins durch Pilze erfolgt allerdings in beträchtlichem Umfange, wie die Tätigkeit der holz- und baumzerstörenden Pilze zeigt, von denen wir Merulius lacrymans, den Hausschwamm, Fomes annosus, den Kiefernwurzelschwamm und Pilz der Rotfäule der Fichte, Trametes pini, den Kiefernbaumschwamm, Agaricus melleus, den Hallimasch nennen wollen, der erste ein gefürchteter Zerstörer des Bauholzes, die letzten gefährliche Baumzerstörer; wie man sieht, sind es ausschließlich Basidiomyceten. Aber auch Schimmelpilze, Penicillium, Aspergillus u. a. vermögen Holz etwas anzugreifen.

Die Zerstörung des Holzes vollzieht sich auf zwei verschiedenen Wegen: Einige Pilze (Polyporus, Trametes) oxydieren das Lignin weg, so daß die Cellulosegrundsubstanz zurück bleibt; andere (wie der Hausschwamm) zerstören die Cellulosegrundsubstanz und lassen das Lignin als mehr oder weniger veränderte, humifizierte (S. 106) Masse zurück. Im ersten Falle bleibt die Zellstruktur erhalten, die in gewissen Stadien mit weißlicher Färbung in Erscheinung tritt (weiße Nester im befallenen Holz, oft mit schwarzem Kern, welcher Sklerotien des Pilzes darstellt); man spricht daher auch von Weißfäule gegenüber der Braunfäule im zweiten Falle, wo eine braun verfärbte, krümelige Masse zurückbleibt. Jedenfalls sind solche Vorgänge auch an der Humusbildung im Boden beteiligt.

Unter den Umsetzungsprodukten der Kohlenhydrate und Polysaccharide haben organische Säuren eine besonders große Bedeutung. Wie oben gesagt, werden aus Cellulose 50—70% Fettsäuren gebildet. Die meisten dieser Säuren sind eine mehr oder weniger gute Kohlenstoffquelle für Mikroorganismen. Bei einer Untersuchung von 45 Arten durch Maassen ergab sich folgendes Bild:

1. Äpfelsäure, angegriffen	von	45	Arten		Es griffen an:
2. Citronensäure	,,	,,	38	,,	Ps. fluorescens, alle außer Oxalsäure
3. Bernsteinsäure	,,	,,	32	,,	
4. Milchsäure	,,	,,	30	,,	Bact. erythrogenes 1, 2, 6
5. Ameisensäure	,,	,,	30	,,	
6. Weinsäure	,,	,,	21	,,	Bac. vulgaris 1, 2, 5, 6
7. Essigsäure	,,	,,	14	,,	
8. Propionsäure	,,	,,	13	,,	Bac. subtilis 1, 2, 4.
9. Chinasäure	,,	,,	10	,,	
10. Oxalsäure	,,	,,	0	,,	

Die Fähigkeit der Bakterien, organische Säuren abzubauen, ist also qualitativ und quantitativ ganz verschieden. Die von den geprüften Bakterien nicht verarbeitete Oxalsäure wird von anderen Bakterien (Bac. extorquens, das dabei autotroph lebt, von harnstoffzersetzenden Bakterien usw.), ferner von Schimmelpilzen verarbeitet.

Von besonderem Interesse ist noch die Vergärung der Ameisensäure durch Bact. formicicum zu Kohlensäure und Wasserstoff (Omelianski), welchen Vorgang jedoch auch das gewöhnliche Coli-Bakterium durchzuführen vermag, und die Vergärung der Essigsäure zu Kohlensäure und Methan durch eine „Pseudosarcina“ (Söhngen), auch durch thermophile Bakterien, ohne daß man heute aber weiß, ob diese beiden Gase immer auf diese Weise entstehen; das anzunehmen liegt ja nahe, wenn man berücksichtigt, daß diese Säuren, namentlich die Essigsäure, bei der Vergärung von Kohlenhydraten und Zellwandbestandteilen gebildet werden.

Aber auch diese beiden Gase sind nicht das Endprodukt der mikrobiellen Umwandlungen. Wasserstoff kann durch eine Reihe von Bakterien mit Sauerstoff zu Wasser verbrannt werden, wobei die gewonnene Energie zur Reduktion von Kohlensäure dient; die Bakterien leben also autotroph, vermögen aber auch heterotroph mit organischem Kohlenstoff zu leben. Vielleicht gehören sogar gewöhnliche Bakterien wie Bac. subtilis, der Heubacillus, zu diesem Typus. Im übrigen wurden zahlreiche derartige Bakterien beschrieben, der sporenbildende Bac. pycnoticus, ferner Pseudomonas-Arten und Bac. oligocarbophilus, der, abgesehen davon, daß seine morphologische Natur sehr umstritten ist, dadurch interessant ist, daß er auch Kohlenmonoxyd (CO) autotroph verarbeiten kann, und der auch von sonstigen flüchtigen Kohlenstoffverbindungen, wie sie in jeder Laboratoriumsluft vorhanden sind, Aldehyden, Säuren, Aceton, Xylol usw. zu leben vermag; von dieser Eigenschaft hat er von Beijerinck seinen Namen bekommen.

Ebenso kann Methan von gewöhnlichen Bakterienformen, wie Pseudomonas fluorescens, und von besonderen Formen, wie Bac. methanicus (Söhngen) verarbeitet, zu Kohlensäure und Wasser verbrannt werden, wobei die Bakterien ebenfalls autotroph leben.

Fügen wir noch hinzu, daß auch alle möglichen sonstigen aliphatischen und zyklischen Kohlenwasserstoffe von Mikroorganismen verarbeitet werden können, wie sich z. B. nach Söhngen namentlich viele Mycobakterien auf Agarplatten entwickeln, denen als einzige Kohlenstoffquelle Dämpfe von Petroleum usw. zur Verfügung stehen, daß ferner selbst feste Paraffine, Kautschuk, Naphthalin, Phenanthren, selbst Kohle usw. von Mikroorganismen zerstört werden können, so ergibt sich in Hinsicht auf den Kohlenstoffkreislauf, daß kein Naturprodukt schließlich dem Angriff der Gesamtheit der Mikroorganismen zu widerstehen vermag. Der Kreislauf des Kohlenstoffs wird also restlos geschlossen, wenn nicht lokale Verhältnisse, namentlich Sauerstoffmangel, eine solche Zerstörung, wie bei den Petroleum- und Kohlenlagern, verhindern. Das gilt auch für die recht schwer angreifbaren „Humussubstanzen" des Bodens, worauf später noch zurückzukommen sein wird (S. 101 ff.).

Im Anschluß an diese Ausführungen sei noch darauf hingewiesen, daß der typische Erdgeruch frisch aufgeworfenen

Bodens der Tätigkeit der Mikroorganismen darin zuzuschreiben ist. Insbesondere hat man das für Actinomyceten feststellen können, die den charakteristischen Geruch auch in Reinkultur in künstlicher Nährlösung bilden.

Einige kurze Bemerkungen über die Zersetzung von Fett seien noch angeschlossen. Namentlich Schimmelpilze und aërobe Bakterien, besonders energisch Pseudomonas fluorescens, vermögen diesen Vorgang bis zur CO_2-Bildung durchzuführen. Anaërob kommt es meist nur zu einer Aufspaltung in Glycerin und Fettsäure. Doch können denitrifizierende Bakterien (S. 89) Fette als Kohlenstoffquelle verwenden. Große praktische Bedeutung besitzt die Fettzersetzung nicht. Es mag nur darauf hingewiesen werden, daß rohes (nicht entfettetes) Knochenmehl auf sandigem Boden eine erheblich bessere Phosphorsäurewirkung entfaltet als auf schweren Böden, weil das Fett der Knochen unter den stärker aëroben Verhältnissen des Sandbodens besser zersetzt wird, und so die Phosphorsäure den Lösungsvorgängen besser zugänglich wird. Bei überlasteten Rieselfeldern (S. 143) kann es zu einer die Sauerstoffzirkulation und damit die Mineralisation des Bodens hemmenden Anhäufung von Fetten kommen.

VIII. Kreislauf des Stickstoffs.

Bindung des elementaren Luftstickstoffs [frei lebende N-bindende Bakterien: Azotobacter chroococcum (Morphologie, Physiologie, Verbreitung. Weitere Azotobacterformen)].

Wir wenden uns nunmehr zur Besprechung des Kreislaufs des Stickstoffs. Sie wird den breitesten Raum in unserer Darstellung einnehmen, da, wie wir sehen werden, der „Kampf ums Dasein“, soweit es sich um die Ernährung handelt, im wesentlichen eine Stickstofffrage ist, was insbesondere für die Beziehungen zwischen höheren Pflanzen und Mikroorganismen gilt. Zwar würden alle lebenswichtigen Stoffe dieser Konkurrenz unterliegen; aber die Sachlage ist, beispielsweise für Eisen und Stickstoff so, daß von jenem nur etwa $^1/_{100}$ der von diesem notwendigen Menge von den höheren Pflanzen benötigt wird. Im Erdboden dagegen würde die zur Verfügung stehende resorbierbare Form im allgemeinen (wenn wir von Sonderfällen absehen) das umgekehrte Verhältnis zeigen. In Hinsicht auf den Stickstoff würde also die Ernährung der höheren Pflanze etwa 10000mal schlechter gestellt sein als die mit Eisen. Ähnliche Betrachtungen ließen sich für andere Elemente durchführen.

Es ist nun zu beachten, daß bei dem Umsatz organischer Stickstoffverbindungen natürlich auch der Kohlenstoff umgesetzt und Kohlensäure gebildet wird. Und tatsächlich ist die Ammoniakbildung aus solchen Stoffen lediglich die zwangsmäßige Folge der Zertrümmerung des Kohlenstoffskeletts, also eigentlich nur ein Nebenvorgang, der indessen im Kreislauf der Stoffe seine besondere Bedeutung erhält durch die Wichtigkeit des Stickstoffs.

Dieser Stickstoff steht zwar in unbegrenzten Mengen zur Verfügung, da die atmosphärische Luft zu fast genau $^4/_5$ aus elementarem Stickstoff besteht. Aber gerade dieser elementare Stickstoff ist für die höheren Pflanzen nicht verwertbar, nur für einige Mikroorganismen, zu deren Besprechung wir nunmehr übergehen. Man unterscheidet dabei 2 biologische Gruppen:

1. Frei im Erdboden lebende stickstoffbindende Mikroorganismen.

2. In Symbiose mit höheren Pflanzen lebende stickstoffbindende Mikroorganismen.

Von den frei lebenden stickstoffbindenden Mikroorganismen nennen wir zunächst Azotobacter chroococcum, der im Jahre 1901 zuerst von BEIJERINCK in Reinkultur gezogen wurde. Es ist ein eigentümlicher Organismus, ein kurzes Stäbchen oder von fast Kokkenform und 4—6 μ Durchmesser; in der Jugend liegen oft 2 Zellen semmelförmig zusammen, im Alter mehrere zu unregelmäßigen von der gemeinsamen Schleimschicht umgebenen Paketen vereinigt.

Das Bakterium ist in der Jugend beweglich; es besitzt mehrere polare Geißeln. Als Reservestoffe hat man Volutin und vor allem Fett gefunden. Endosporen werden nicht gebildet; man kann es daher aus pasteurisierter, auf 80^0 C erhitzter Erde nicht herauszüchten. Dagegen bilden die sich schwarz färbenden, im Alter sich abrundenden Zellen, unter Verdickung der Zellwand, eine Art Dauerformen, Chlamydosporen, welche vor allem gegen Trockenheit sehr widerstandsfähig sind, so daß das Bakterium in diesem Zustand wenigstens 3 Jahre, soweit man bisher geprüft hat, am Leben bleiben kann. Man hat Azotobacter teilweise einen sehr komplizierten Lebenszyklus zugeschrieben, was aber zum Teil sicher nicht zutrifft, wie z. B. eine behauptete Endosporenbildung usw. Doch scheint er nach IWASAKI, namentlich bei starker vegetativer Vermehrung in einer sehr kleinen Zellform (nur 0,2 μ Durchmesser) aufzutreten.

Azotobacter ist sehr streng aërob und wächst in Reinkultur in Nährlösung nur dann gut, wenn die Kultur künstlich durchlüftet wird oder eine sehr flache Schicht verwendet wird. Auf festem Substrat, auf Agarplatten, Kieselsäureplatten, Gipsblöcken und dergleichen ist sein Wachstum infolgedessen sehr viel besser. Äußerst charakteristisch ist die braune bis fast schwarze Farbe, welche die Kulturen normalerweise (es gibt jedoch auch farblos bleibende Varietäten) im Alter annehmen, die wahrscheinlich durch Melaninbildung (S. 106) zustande kommt, ferner die dicke, zuerst weiße, später schwarze Kahmhaut, welche auf Rohkulturen, jedoch nicht auf Reinkulturen gebildet wird. Eine solche Rohkultur kann man sich auf einfache Weise herstellen, wenn Leitungswasser mit 2% Mannit oder Rohrzucker und 0,2% sekundärem Kaliumphosphat (K_2HPO_4) mit etwas Erde geimpft wird. Dies Verfahren dient auch zum Nachweis von Azotobacter in Erde.

Als Stoffwechselprodukt wurde nur Kohlensäure festgestellt. Infolgedessen ist, bei Glucose als Kohlenstoffquelle, der Atmungsquotient CO_2/O_2 annähernd = 1. Geringe Abweichungen hiervon hängen mit der Stickstoffbindung und anderen Erscheinungen zusammen, worauf hier nicht eingegangen werden kann. Als Kohlenstoffquelle können ihm die 4 Hexosen dienen (am schlechtesten wird Mannose ausgenutzt), ferner Mannit, Maltose, Rohrzucker, Cellobiose (aber nicht Lactose), Stärke und Salze organischer Säuren, vor allem der Milch- und der Buttersäure. Cellulose kann nicht verwertet werden, wohl aber das oben genannte beim Abbau der Cellulose auftretende Disaccharid, die Cellobiose. Sehr bemerkenswert ist aber, daß er in Gemeinschaft mit cellulosezersetzenden Bakterien leben und Stickstoff binden kann, da er sich offenbar die von diesen beim Abbau der Cellulose gebildeten Zwischenprodukte anzueignen vermag; hierauf wird S. 45 noch zurückzukommen sein.

Wie aus der oben gemachten Angabe über die Nährlösung für Azotobacter hervorgeht, vermag er ohne jeden gebundenen Stickstoff zu wachsen, indem er eben den elementaren Stickstoff verwerten kann. Er bildet daraus, was chemisch ohne weiteres anzunehmen ist, zuerst Ammoniak, z. B. nach Kostytschew bei Überschuß des Betriebsmaterials, aus dem sofort Eiweiß aufgebaut wird. Auf die Energieverhältnisse wird später (S. 55 f.) noch zurückzukommen sein. Jedoch vermag er sehr gut auch gebundenen Stickstoff zu verwerten in Form von Ammoniak, Nitraten, Pepton. Nitrate werden dabei von ihm zu Nitriten und Ammoniak reduziert. In Gegenwart von gebundenem Stickstoff, von 0,5 bis 1,0 mg Stickstoff in gebundener Form je 100 ccm Nährlösung an, setzt er jedoch seine Stickstoffbindung herab oder stellt sie gänzlich ein, ein Zeichen dafür, daß ihm offenbar, wenn man so sagen will, die Bindung des elementaren Luftstickstoffs verhältnismäßig schwer fällt. Interessant ist auch, daß nach IWASAKI Herabsetzung des normalen Sauerstoffdrucks die N-Bindung fördert.

Man hat auch weiterhin die Beobachtung gemacht, daß Wachstum und Stickstoffbindung unseres Bakteriums ganz außerordentlich gefördert werden, wenn dem Nährsubstrat Stoffe zugesetzt werden, wie sie in dem natürlichen Substrat, nämlich dem Erdboden, vorhanden sind, wenn man z. B. einen durch Erhitzen mit Wasser gewonnenen Bodenextrakt zufügt. Auch die Asche eines solchen Extraktes erwies sich als wirksam. Nun hat BORTELS vor einiger Zeit feststellen können, daß der wirksame Stoff, den man früher in Eisen usw. vermutete, das Molybdän ist, eine sehr überraschende Feststellung. Nach BIRCH-HIRSCHFELD ergab sich in Bestätigung dieses Befundes folgendes:

Ohne Zusatz	4—6 mg N_2 gebunden
Mit Molybdän (z. B. 0,005% Na_2MoO_4 oder mit Bodenextrakt	11—15 mg N_2 gebunden.

Bei Ernährung mit Nitraten tritt keine Wirkung des Molybdäns auf, auch keine Begünstigung der Zellvermehrung, was beweist, daß es sich tatsächlich um eine spezifische Wirkung auf die Stickstoffbindung handelt. Interessant ist, daß in einem solchen Erdextrakt sich noch ein anderer Stoff findet, jedoch organischer Natur, der keinen Einfluß auf die Stickstoffbindung von Azotobacter hat, wohl aber die Geschwindigkeit des Wachstums erhöht, auch in Nährlösungen, die Nitrate als Stickstoffquelle enthalten. Die beiden geschilderten Beobachtungen zeigen im Verein mit neueren Feststellungen von SCHROEDER, wonach auch Eisen, Zink, Kupfer, Wolfram und Silicium zur Stickstoffbindung notwendig sind, daß wir noch sehr weit davon entfernt sind, rein künstlich eine Nährlösung herstellen zu können, die alle Bedingungen der natürlichen Umgebung erfüllt.

Von ganz besonderem Einfluß auf die Entwicklung von Azotobacter sind die Reaktionsverhältnisse des Substrates. Das Minimum liegt nach der sauren Seite zu bei rund $p_H = 6,0$, also vom Neutralpunkt nicht sehr entfernt, das Optimum zwischen $p_H = 7,0$ und 8,0. Diesen Lebensbedingungen entspricht denn auch seine Verbreitung in der Natur: Er ist zwar in der ganzen Welt verbreitet, kommt jedoch nur auf solchen Böden vor, deren Azidität nicht unter $p_H = 6,0$ liegt, das sind bei uns in Deutschland rund 50% aller Böden. In Waldböden z. B. hat man ihn nur stellenweise da angetroffen, wo Nester von Kalk vorhanden waren, welche also die natürliche saure Beschaffenheit dieser

Böden neutralisierend beeinflussen. CHRISTENSEN fand z. B. folgendes:

Kalkbedürfnis nach dem Pflanzenversuch	Azotobacterprobe in % der zugehörigen Böden
stark	3
mittel	17
fehlt	89

woraus sich also das gegensinnige Verhältnis zwischen Azotobacterentwicklung und Kalkbedürftigkeit ergibt. Ähnliches hat man in zahlreichen weiteren Fällen festgestellt, so daß man also mit Hilfe der Azotobacterprobe (vgl. S. 134) leicht die Kalkbedürftigkeit eines Bodens feststellen kann. Natürlich trifft solches nicht in 100% der Fälle zu, weil noch andere Momente das Vorkommen beeinflussen, wie namentlich auch die Durchlüftung; deshalb kann Azotobacter in günstig reagierenden, aber schlecht durchlüfteten Böden, wie Wiesenböden, fehlen. Auch das Vorhandensein, bzw. Fehlen von Nährstoffen, z. B. von Phosphorsäure, kann hierbei eine Rolle spielen (S. 134). Im übrigen ist er ziemlich unempfindlich, z. B. gegen Salzkonzentrationen: er findet sich im Meerwasser, viel auf Meeresalgen (Fucus), in deren schleimigem Überzug, ferner auch in fast vegatationslosen Salzböden. Überhaupt kommt er viel mit Algen vergesellschaftet vor und bindet Stickstoff auf Grund der von diesen gelieferten organischen Stoffe (S. 119 f.). In flüssiger Kultur verträgt er 8% Kochsalz und sogar 21% Magnesiumsulfat.

Außer der genannten sind noch einige andere Azotobacterformen beschrieben, von denen aber zum Teil zweifelhaft ist, ob es sich wirklich um verschiedene Arten handelt. A. Beijerinckii ist wohl mit chroococcum identisch. Verschieden dürfte A. agile (oder Vinelandi) sein, welche Art etwas größere Zellen besitzt, stark beweglich ist (polare Geißeln) und einen grünrot fluorescierenden Farbstoff abscheidet. Aus Erdboden hat man auch Formen isoliert, die völlig dem normalen Azotobacter chroococcum gleichen, aber keinerlei Fähigkeit zur Bindung des elementaren Stickstoffs zeigten, während diese wieder bei anderen Stämmen nur sehr gering war. Auch bei im Meere vorkommenden Formen, die sich morphologisch nicht von A. chroococcum unterscheiden, hat man keine N-Bindung feststellen können. Wie schwierig die Verhältnisse manchmal sind, wird weiter unten noch auseinanderzusetzen sein (S. 46 f.).

IX. Kreislauf des Stickstoffs (Fortsetzung).

Bindung des elementaren Luftstickstoffs, Fortsetzung [frei lebende N-bindende Bakterien, Fortsetzung (Bac. amylobacter, asterosporus; N-Bindung durch andere Bakterien, durch Pilze, Hefen, Actinomyceten, Algen). Stickstoffbindende Kraft des Bodens (Bedeutung der organischen Substanz, Feuchtigkeit, Reaktion)].

Das zweite wichtige, frei lebende stickstoffbindende Bakterium ist Bacillus amylobacter, das zuerst 1893 von WINOGRADSKY in Reinkultur gezogen wurde. Unter diesem Namen hat BREDEMANN eine Reihe verschieden benannter Formen, wie Clostridium Pasteurianum und americanum, Granulobacter saccharobutyricus usw. zusammengefaßt. Es ist sozusagen der physiologische Gegensatz zu Azotobacter, ganz streng anaërob, so daß es nur bei völligem Luftabschluß in Reinkultur gezüchtet werden kann. In Mischkultur wächst es jedoch auch bei Luftzutritt, vermutlich, weil Aëroben ihm das Gedeihen ermöglichen. So ist es auch im aëroben Erdboden sehr verbreitet und sogar viel häufiger als Azotobacter, wie z. B. aus der Übersicht S. 10 hervorgeht, und spielt in der Natur vielleicht noch eine wichtigere Rolle als dieser. Auch ist es gegen die Reaktion des Substrates unempfindlicher, wenn auch die untere Grenze von DORNER zu p_H 5,7, also nur unwesentlich unter Azotobacter angegeben wird. BREDEMANN fand Amylobacter in 137 von 152 untersuchten Bodenproben der verschiedensten Beschaffenheit und Herkunft.

B. amylobacter ist ein peritrich begeißeltes Stäbchen von 3—12 μ Länge bei 1—1,2 μ Dicke, oft von kahnförmiger Gestalt. Ab und zu wurde behauptet, daß auch eine Kokken-Form dazu gehöre, die weniger empfindlich gegen Sauerstoff sein soll. Das Bakterium bildet Endosporen, wobei das eine Zellende bauchig anschwillt (Clostridiumform). Als Inhaltstoff findet sich Glykogen und vor allem Iogen, ein mit Jod sich bläuendes, jedenfalls der Stärke nahe stehendes Kohlenhydrat, das bei der Sporenbildung verbraucht wird und so seine Natur als Reservestoff anzeigt. Der polare Teil, in dem die Spore sich bildet, ist dabei frei von Iogen.

Bei der Sporenbildung ist noch bemerkenswert, daß im Gegensatz zu den sonstigen sporenbildenden Bakterien, die Spore nicht durch Verquellen der Sporenmutterzelle frei wird, sondern diese durch eine im Innern gebildete Quellsubstanz an einem Ende aufgerissen wird, während in dem zurückbleibenden Teil die Spore wie in einem Kelch sitzen bleibt. Die Sporen keimen sehr schlecht, nach DORNER nur zu $3^0/_{00}$ (S. 9), das ist ein weiteres Beispiel dafür, wie schwer die wirkliche Zahl dieses Bakteriums im Boden festzustellen und seine tatsächliche Bedeutung in der Natur zu erkennen ist.

In Rohkultur kann man Amylobacter sehr leicht erhalten, wenn man in eine Kartoffel ein kleines Loch schneidet, dieses mit wenig Erde verschmutzt, und die Kartoffel unter Wasser (zur Schaffung anaërober Verhältnisse) bei nicht zu niedriger Temperatur aufbewahrt. Die Kartoffel erweicht schon nach wenigen Tagen breiig und riecht nach Buttersäure. Zwischen den durch die Zerstörung der Pectin-Mittellamelle (s. unten) isolierten Kartoffelzellen und den intakten Stärkekörnern findet man leicht, namentlich durch Anwendung der Jodreaktion, die charakteristischen Amylobacterzellen. Bei der Naßfäule der Kartoffel ist Amylobacter nach STAPP jedoch nur sekundär beteiligt.

B. amylobacter ist das wichtigste Buttersäure bildende Bakterium, wobei außer dieser noch Essigsäure, Butylalkohol, Äthylalkohol, Kohlensäure und Wasserstoff gebildet werden, in wechselnden Mengen, je nach der Kohlenstoffquelle (vgl. Theor. Mikrobiol., S. 134). Als Kohlenstoffquellen können dabei dienen die 4 Hexosen, verschiedene Disaccharide, Stärke, milchsaure Salze, Pentosen und Pectin (vgl. die Röste S. 35), Cellulose dagegen nicht.

Die Stickstoffbindung ist in Reinkultur etwas geringer als bei Azotobacter; sie wurde zu 3—7 mg Stickstoff je 1 g verbrauchter Kohlenstoffquelle gefunden. Wie jener, vermag auch Amylobacter gebundenen Stickstoff zu assimilieren, stellt dann aber seine Stickstoffbindung, wenigstens zum Teil, ein, wie folgendes Beispiel nach PRINGSHEIM zeigt:

Stickstoff gebunden in g je 1,5 Liter Nährlösung	
Ohne KNO_3	0,0415
+ 0,02 g KNO_3	0,0330
+ 0,03 g KNO_3	0,0181

Auch bei Cellulose als Kohlenstoffquelle kann Stickstoff gebunden werden, wenn gleichzeitig cellulosezersetzende Bakterien vorhanden sind, sogar mehr als bei alleiniger Zuckerernährung. PRINGSHEIM fand mg N_2 gebunden, je 1 g verbrauchte Kohlenstoffquelle bei

Glucose-Reinkultur	3,2 mg
Rohrzucker-Reinkultur	4,2 mg
Cellulose-Mischkultur	8,3 bzw. 10,4 mg.

Auch bei B. amylobacter zeigt sich eine ähnliche Anpassung an das natürliche Substrat, den Erdboden, wie bei Azotobacter, insofern als in Reinkultur sein Stickstoffbindungsvermögen degeneriert, aber durch „Erdpassage", indem man zwischendurch auf steriler Erde kultiviert, regeneriert werden kann. Ob diese Erscheinung auf den gleichen Grundlagen beruht wie die Molybdänwirkung bei Azotobacter, kann zur Zeit noch nicht gesagt werden; jedenfalls hat man bei Azotobacter eine Degeneration noch nicht festgestellt, wenn man nicht die Stämme, die keinen Stickstoff binden, als „degeneriert" auffassen will.

An B. amylobacter schliesst sich der in mancher Hinsicht ähnliche Bacillus asterosporus an, dessen Vermögen zur Stickstoffbindung allerdings noch etwas geringer ist; man hat bis zu 3 mg gebundenen N je 1 g verbrauchter Kohlenstoffquelle gefunden. Er ist fakultativ anaërob, ein peritrich begeißeltes Stäbchen, ebenfalls mit Sporen in schwach anschwellenden Sporenmutterzellen. Die Sporen sind mit erhabenen Längsleisten besetzt, so daß sie im optischen Querschnitt ein sternförmiges Aussehen haben; daher stammt der Name. Auch dieses Bakterium ist im Erdboden weit verbreitet.

Außer diesen beschriebenen 3 Bakterien ist die Fähigkeit der Stickstoffbindung noch einer ganzen Anzahl weit verbreiteter Bakterien zugeschrieben worden, wie Bacillus mesentericus, Bacterium prodigiosum, Pseudomonas tumefaciens usw. Doch läßt sich zur Zeit noch nicht sagen, ob die Fehler der Bestimmungsmethoden einen sicheren Schluß erlauben. Meistens bewegen sich nämlich die Zahlen der Stickstoffbindung unter 1 mg je 1 g verbrauchter Kohlenstoffquelle, was erfahrungsgemäß unsicher ist. Doch finden sich auch höhere Angaben; z. B. gibt Selim für einige Stämme von Bacillus megaterium 2,4 mg an, während ein gleichzeitig geprüfter Azotobacter-Stamm nur 1,75—2,07 mg band und andere Megaterium-Stämme keinerlei N-Bindung zeigten. Es ist durchaus möglich, daß die Fähigkeit der N-Bindung weiter verbreitet ist, da ja alle Organismen Reduktionen ausführen können; aber sie wird eben nur von einigen Spezialisten in bemerkenswert hohem Grade entwickelt sein. Es sei jedoch noch einmal daran erinnert, daß es auch Azotobacter-Stämme gibt, die kein oder nur ein geringes N-Bindungsvermögen besitzen. Es herrschen also noch außerordentlich unklare Verhältnisse, was teilweise auch daran liegt, daß sich sehr leicht technische Fehler der Bestimmungs- oder Versuchsmethodik einschleichen können.

Aus historischen Gründen mag noch ein Fall Erwähnung finden: Aus Schwarzbrache (vgl. S. 122 ff.), auf der nach einer früheren, jetzt verlassenen Anschauung eine besonders intensive

Stickstoffbindung stattfinden sollte, wurde Bacillus Ellenbachensis isoliert, ein verbreitetes, sporenbildendes Erdbakterium, dem die erwähnte Eigenschaft der Brache zugeschrieben wurde. Es stellte sich jedoch heraus, daß dieses Bakterium, das sogar als Impfpräparat unter dem Namen „Alinit" in den Handel kam, nicht die Fähigkeit zur Stickstoffbindung besitzt.

Ähnlich schwierig liegen die Verhältnisse bei den Pilzen. Auch von einer ganzen Anzahl solcher, wie den oben S. 32 bei der Cellulosezersetzung erwähnten, ist Stickstoffbindung, allerdings in ziemlich bescheidenen Ausmaßen, behauptet worden. Von Aspergillus niger hat kürzlich SCHOBER in einer methodisch einwandfreien Arbeit ein gleiches gefunden. Auch hier handelt es sich nur um relativ geringe Mengen (maximal 4 mg je 100 ccm seiner Versuchsnährlösung = etwa 1 mg je 1 g verbrauchten Zucker), die aber sichergestellt schienen. Etwa 1—2 Jahre darauf hatten 3 verschiedene Autoren teilweise mit den gleichen Stämmen wiederum ein völlig negatives Ergebnis. Auch für die Pilze ist also die Frage der Stickstoffbindung noch gänzlich offen, vielleicht mit Ausnahme des Mycorrhizapilzes vom Heidekraut (S. 59).

Ebenso unsicher liegen die Verhältnisse bei den Hefen und Actinomyceten, auch bei den Algen. Die vielfach von den letztgenannten, namentlich Blaualgen, behauptete N-Bindung war entweder auf methodische Fehler oder auf Verunreinigung mit Bakterien zurückzuführen. In neuester Zeit geben allerdings ELLISON-MORRIS an, daß sie mit absoluten Reinkulturen von Algen hohe Stickstoffgewinne erzielt hätten, nämlich 5 mg je 100 ccm Nährlösung, wenn keine Kohlenstoffquelle gegeben wurde (es wird ja im Licht assimiliert); Zugabe von 1 g Zucker erhöhte diese Menge sogar auf 8,5 mg.

Daß im übrigen in Gegenwart von im Licht assimilierenden Algen durch stickstoffbindende Bakterien ohne weitere Zugabe einer Kohlenstoffquelle Stickstoff gebunden werden kann, konnte wiederholt nachgewiesen werden (vgl. S. 119 f.).

Die stickstoffbindende Kraft eines Bodens kann auf verschiedene Weise bestimmt werden. WINOGRADSKY impft mit Nährlösung getränkte Kieselsäureplatten mit Erde und zählt die Menge der sich entwickelnden Azotobacter-Kolonien; er findet so aktive, wenig aktive und inaktive Böden. Im übrigen verfährt man so, daß man eine N-freie Mannitnährlösung mit Erde impft und nach einiger Zeit den gebundenen Stickstoff bestimmt oder, welche Methode noch besser ist, daß man den Boden selbst mit einer N-freien, kohlenhydrathaltigen Nährlösung versetzt und nach einiger Zeit analysiert. In diesem Falle hat man aber mit einer gewissen analytischen Unsicherheit zu kämpfen, die sich aus der nur schwer zu erzielenden homogenen Verteilung des Bodens ergibt und die zu großen Unterschieden innerhalb von Parallelbestimmungen führen kann.

KOCH vermochte zu zeigen, daß durch Zusatz von Zucker zum Erdboden eine beträchtliche Stickstoffbindung erzielt werden kann. Die Zahlen sind nachstehend aufgeführt:

Je 100 g Boden auf einmal gegebene Menge Glucose in g	Je 100 g Boden im ganzen gegebene Menge Glucose in g				Je 100 g Boden gebundener Stickstoff in mg				Je 1 g Glucose gebundener Stickstoff in mg			
	nach Wochen				nach Wochen				nach Wochen			
	5	8	18	26	5	8	18	26	5	8	18	26
0,2	1,0	1,6	3,6	5,2	8,3	14,9	17,8	18,9	8,3	9,3	4,9	3,6
0,5	2,5	4,0	9,0	13,0	20,1	32,5	36,8	31,6	8,0	8,1	4,1	2,4
1,0	5,0	8,0	18,0	26,0	35,8	57,2	58,7	52,7	7,2	7,2	3,3	2,0
1,5	7,5	12,0	27,0	37,5	40,5	66,7	68,5	66,8	5,4	5,5	2,5	1,8
2,0	8,0	14,0	26,0	36,0	43,9	78,8	80,0	78,8	5,5	5,6	3,1	2,2

Man sieht, wie man durch allmähliche Zuckergabe den Boden allmählich sehr stark an Stickstoff anreichern kann, bis zu 80 mg auf 100 g Boden, also 0,08%, welcher Wert dem Stickstoffgehalt eines normalen Ackerbodens entspricht. Allerdings sinkt, je mehr Zucker man gibt, um so stärker die relative Ausbeute (je Einheit des gegebenen Zuckers) ab. Die bei geringen Zuckermengen gefundenen günstigsten Ausbeuten nähern sich mit 9,3 mg bereits der für Azotobacter oben angegebenen Normalzahl von 10 mg gebundenem N je 1 g verbrauchten Zucker. Darauf, wie sich die Verhältnisse in der Praxis gestalten, wird später (S. 118 ff.) zurückzukommen sein.

Durch sonstige äußere Verhältnisse wird die Stickstoffbindung als Ganzes nicht so stark beeinflußt, wie etwa die Salpeterbildung, weil im Boden die beiden physiologischen Gegensätze Azotobacter und Amylobacter ihre Tätigkeit ausüben und sich gegenseitig ablösen können. Das ist z. B. bei der Feuchtigkeit der Fall (nach TRAAEN):

	mg Stickstoff gebunden je 100 g trockener Erde							
Feuchtigkeit in % der Erde	5	10	17,5	25	30	20	30	40
mg Stickstoff	1,9	1,9	13,2	16,0	15,5	12,0	9,6	9,6

Da das Wasserfassungsvermögen 27,4% betrug, so ist es also z. T. ganz wesentlich überschritten, und es sind anaërobe Verhältnisse geschaffen. Trotzdem ist die Stickstoffbindung teils überhaupt nicht, teils nur ganz unwesentlich heruntergesetzt.

Hier löst offenbar Amylobacter die Tätigkeit von Azotobacter ab.

Ähnliches gilt für die Bedeutung der Wasserstoffionen-Konzentration. GAINEY fand hier bei 174 Böden, die Azotobacter enthielten und ein p_H von 6,88 im Durchschnitt aufwiesen, eine Stickstoffbindung von 8,30 mg N_2 je 50 ccm 2%ige Mannitlösung; dagegen bei 193 Böden, denen Azotobacter fehlte, und deren p_H 5,44 war, eine N-Bindung unter gleichen Verhältnissen von 4,61 mg. Wenn also die N-Bindung beim Fehlen von Azotobacter teilweise auch herabgesetzt erscheint, so dürfte doch vielleicht Amylobacter wegen seiner größeren Anpassungsfähigkeit in der Natur die größere Rolle spielen.

X. Kreislauf des Stickstoffs (Fortsetzung).

Bindung des elementaren Luftstickstoffs, Fortsetzung. [In Symbiose lebende Mikroorganismen: Knöllchenbakterien der Leguminosen (Morphologie, Rassenbildung, Verhalten zur Wirtspflanze, Bindung des Stickstoffs in der Pflanze)].

Die zweite biologische Gruppe der stickstoffbindenden Bakterien umfaßt solche, welche mit höheren Pflanzen zusammenleben. Der bekannteste und verbreitetste Fall einer solchen Symbiose ist der der Knöllchen der Leguminosen, in denen das stickstoffbindende Bacterium Bacillus radicicola lebt. Es handelt sich dabei um Anschwellungen an den Wurzeln von verschiedener Gestalt. Solche Knöllchen finden sich in der Natur bei allen Leguminosen; nur bei Gleditschia, wo ein derber Filz von dickwandigen braunen Haaren das Herandringen der Bakterien an die Wurzel verhindert, können sie fehlen. Phylogenetisch ist diese Symbiose also offenbar sehr alt. Man kann 2 Typen von Knöllchen unterscheiden; der eine wird nur durch Lupinus vertreten; bei dieser Pflanze sitzen die Knöllchen als gekröseartige Anschwellungen an der pfahlförmigen Hauptwurzel. Bei allen anderen Leguminosen sitzen sie in verschiedener Gestalt an den Faserwurzeln, kugelig bei Phaseolus, oval bei Trifolium, fingerförmig bei Vicia usw.

Die Knöllchen besitzen eine Rinde, in welcher Leitbündel verlaufen, die mit dem Leitungssystem der Wurzel in Zusammenhang stehen und die Zuleitung von Kohlenhydraten und die Ableitung des gebundenen Stickstoffs durchführen. Den inneren Teil des Knöllchens bildet das Bakterioidengewebe, in welchem sich die Bakterien befinden, und zwar in einer anomalen Form als unregelmäßige, keulig angeschwollene oder lappig verzweigte

Gebilde, die man früher für Eiweißkörper ansah und daher als Bakterioiden, nach ihrer Bakterienähnlichkeit, bezeichnete. Es sind, wie gesagt, anomale Formen, Involutionsformen, die man auch in künstlicher Kultur unter der Wirkung hoher Kohlenstoffkonzentrationen, von Phosphaten, Lithiumsalzen, Säuren usw. erzielen kann und die nicht mehr vermehrungsfähig sind. Das Bakterioidengewebe ist häufig, besonders in den peripheren Teilen, mit Stärke erfüllt, die offenbar als Energiematerial für die Stickstoffbindung, bzw. für die Bakterien dient.

Das Bakterium, das zuerst im Jahre 1888 von Beijerinck gezüchtet werden konnte, ist ein sporenloses Stäbchen von 0,9—7,2 μ Länge und 0,5—1 μ Dicke mit 1—5 polaren Geißeln, die aber nicht zu einem Büschel zusammen stehen, sondern getrennt inseriert sind. Als Inhaltstoffe finden sich Fett und Volutin. Die Infektion, die von Prazmowski bei der Erbse untersucht wurde, findet durch die Wurzelhaare statt; zu einem Schleimfaden zusammengehalten schiebt sich die sich vermehrende Bakterienmasse im Wurzelhaar vor bis in die Rinde, deren Zellen nunmehr zu wuchern beginnen und so das Bakterioidengewebe entstehen lassen. Nach neueren Untersuchungen von Milovidov geschieht das jedoch nicht bei allen Leguminosen auf gleiche Weise, sondern es lassen sich 3 Typen unterscheiden:

1. Mehrzahl der Leguminosen: Es dringen Infektionsfäden nacheinander in die vom Knöllchenmeristem gebildetem Zellen ein.

2. Serradella: Es treten interzelluläre Zooglöen auf; intrazelluläre Fäden besitzen wenig Bedeutung.

3. Lupinus: Das Gewebe der Knöllchen entsteht durch Teilung infizierter Zellen.

Jedenfalls erfolgt die Infektion immer von außen, vom Boden her. Das Innere der Samen ist stets steril.

Beim Absterben der Wurzeln und Knöllchen gelangen die Bakterien in den Erdboden und können aus ihm herausgezüchtet werden; im allgemeinen geht man bei der Reinzüchtung jedoch von den äußerlich sterilisierten Knöllchen aus. Die Identität muß dann durch den Infektionsversuch erwiesen werden (s. unten). Das Bakterium ist an sich streng aërob; in Flüssigkeitskulturen wächst es nur bei Lüftung gut. Dieser Eigenschaft entspricht auch die Ausbildung der Knöllchen an der Pflanze: Sie finden sich nur in den oberen gut durchlüfteten Bodenschichten; zieht man die Pflanzen in Wasserkultur, so gelangen sie auch nur über der Flüssigkeit zur Ausbildung. Doch haben neuere Untersuchungen von Zycha gezeigt, daß in künstlicher Kultur das Optimum der

Entwicklung bei einer geringeren Sauerstoffspannung als derjenigen der Atmosphäre liegt.

Von ganz besonderer Wichtigkeit ist nun, daß es sich bei Bacillus radicicola zwar um eine Art handelt, die aber in eine große Anzahl von verschiedenen Rassen zerfällt, welche sich physiologisch dadurch unterscheiden, daß Knöllchen an den Pflanzen nur von der dieser zugehörigen Rasse erzielt werden können. Entscheidend ist also der Infektionsversuch: Mit einer von irgend einer Pflanze gewonnenen Reinkultur werden Pflanzen, deren Samen man äußerlich sterilisiert hat und die man in Boden zieht, welcher durch Erhitzen von Knöllchenbakterien befreit ist, oder die man auch auf Agar ziehen kann, geimpft und untersucht, ob Knöllchenbildung eintritt oder ausbleibt. Auf diese Weise hat man bisher folgende Rassengliederung festgestellt, die auch serologisch, durch Feststellung der Verwandtschaftsverhältnisse der Bakterienrassen, gefunden wurde (nach MÜLLER-STAPP):

I. Pisum, Lens, Vicia, Lathyrus.
II. Trifolium.
III. Lupinus, Ornithopus.
IV. Medicago, Melilotus, Trigonella.
V. Phaseolus.
VI. Anthyllis, Tetragonolobus, Lotus.
VII. Genista, Acacia, Arachis, Vigna, Cassia, Lespedocia, Mucuna, Baptisia, Desmodium.
VIII. Soja.
IX. Robinia.
X. Onobrychis.
XI. Coronilla.
XII. Amorpha.
XIII. Caragana.
XIV. Strophostyles.

Man sieht also, daß nur innerhalb engsten Verwandtschaftskreises verschiedene Leguminosenarten die gleiche Bakterienrasse besitzen, allerdings mit Ausnahme von Lupinus und Ornithopus (Serradella), welche zu ganz verschiedenen Verwandtschaftskreisen, Genisteen, bzw. Hedysareen gehören.

Jedoch liegen zahlreiche neuere Angaben darüber vor, daß die Verhältnisse offenbar noch viel komplizierter liegen können. So hat man auf einer Pflanzenart (Soja) serologisch verschiedene Rassen gefunden, ferner hat man beobachtet, daß die Bakterienrasse einer Pflanzenart auf andere Leguminosenarten übergehen kann als der obigen Übersicht entspricht, z. B. bei Vicia faba und Pisum, bei Soja und Vigna sinensis usw. Es soll hier nicht weiter darauf eingegangen werden, da die Verhältnisse noch zu undurchsichtig sind, als daß sie in dieser allgemeinen Darstellung berücksichtigt werden könnten.

Viel hat man sich auch mit der Frage beschäftigt, wie das Verhältnis der Bakterien zu der Pflanze zu deuten sei. Zweifellos hat, wie wir noch sehen werden, die Pflanze Nutzen von der Stickstoffbindung; aber manches spricht dafür, daß man die Bakterien ursprünglich als parasitär auffassen kann, da scheinbar u. U., bei zu starker Impfung, eine Schädigung der Pflanze eintreten kann, indem eben die Bakterien zu viel Nährstoffe für sich beanspruchen. Normalerweise würde dann also das Verhältnis zwischen Pflanze und Bakterien als ein Gleichgewicht zwischen beider Lebensenergie zu betrachten sein.

Darauf deuten auch noch weitere Beobachtungen hin. So hat man ganz verschieden wirksame Stämme gefunden, gute, die eine gute Stickstoffbindung ermöglichen, schlechte, die zwar Knöllchen bilden, in denen aber kein Stickstoff gebunden wird; hier wird die Pflanze nur geschädigt. Ein Beispiel für die Abstufung in der Wirkung verschiedener Stämme ist das folgende nach Wright. Es wurden g Stickstoff je 50 Pflanzen gefunden bei Impfung mit verschiedenen Stämmen der Sojabohnenbakterien:

Stamm	Sojabohnen-Sorte		
	Wisconsin Black	Isto San	Manchu
1	12,8	14,1	15,9
2	21,5	16,9	11,4
3	16,1	13,5	13,3
4	15,1	15,4	15,3
5	7,1	4,5	7,0
6	9,5	5,1	4,9

Man sieht, wie die Stämme 5 und 6 besonders schwach wirksam sind auf alle 3 untersuchten Sojabohnensorten. Die übrigen haben eine ziemlich ausgeglichene Wirkung bis auf Stamm 2, der auf die einzelnen Sorten sehr ungleich wirkt. Deutlich kann man hier noch ursprüngliche Beziehungen zum Parasitismus erkennen.

Es ist in diesem Zusammenhang nicht ganz uninteressant zu erwähnen, daß die Knöllchenbakterien mit ihrer polaren Begeißelung Ähnlichkeit mit den Pseudomonas-Arten unter den Bakterien haben; diese Gruppe weist aber wiederum sehr viele pflanzenpathogene Vertreter auf. Jedenfalls aber muß diese Symbiose phylogenetisch sehr alt sein, da alle Leguminosen in der Natur den Symbionten führen.

Aus solchen Gesichtspunkten heraus hat man auch geglaubt, daß die Pflanze Immunstoffe den Bakterien gegenüber bilden könne, wie es im tierischen Organismus der Fall ist; es spricht jedoch einstweilen nichts dafür. Auch die Frage, ob man die Virulenz der Bakterien verändern könne, ist vielfach erörtert worden, ohne daß jedoch manche positive Angaben als wirklich gesichert zu bewerten sind.

Daß nun tatsächlich elementarer Stickstoff in den Knöllchen gebunden wird, und daß sich die Leguminosen in ihrer Stickstoffernährung dadurch grundsätzlich von anderen Kulturpflanzen, wie etwa den Gramineen, unterscheiden, wurde 1888 von HELLRIEGEL unwiderleglich gezeigt, nachdem schon vorher ein praktischer Landwirt, SCHULTZ-LUPITZ, aus praktischer Erfahrung heraus diese Meinung ausgesprochen hatte, und man, wie eingangs erwähnt, die Sonderstellung der Leguminosen bereits seit alten Zeiten, wenn auch nicht ihrem eigentlichen Wesen nach, erkannt hatte. Daß die wissenschaftliche Erkenntnis verhältnismäßig lange auf sich warten ließ, war in erster Linie eine Wirkung des sogenannten BOUSSINGAULTschen Fundamentalversuches, durch den gezeigt worden war, daß auch Leguminosen nur so viel Stickstoff aufnehmen, wie ihnen gebunden zur Verfügung steht; nur entstand der Trugschluß dadurch, daß in ausgeglühtem Sand gearbeitet wurde, also keine Möglichkeit zur Bakterieninfektion vorhanden war.

Folgender Versuch von SCHLÖSING-LAURENT zeigte endlich eindeutig, daß tatsächlich der elementare Luftstickstoff verarbeitet wird:

Atmosphärischer Stickstoff in die Kultur eingeleitet	2681,2 ccm	
Atmosphärischer Stickstoff aus der Kultur herausgeleitet	2653,1 ccm	
Also assimiliert . . .	29,1 ccm	= 36,6 mg
Stickstoff in Boden und Saat	32,6 mg	
Stickstoff in der Ernte	73,2 mg	
Also assimiliert . . .	40,6 mg.	

Wie man sieht, entsprechen sich die in der Pflanze gefundenen und die aus der Luft aufgenommenen Mengen, soweit man es mit solcher Genauigkeit erwarten kann. KOSSOWITSCH endlich zeigte, daß nur dann eine Stickstoffassimilation stattfindet, wenn der Stickstoff den Wurzeln zugeleitet wird.

Merkwürdigerweise hat man allerdings bisher noch keine

Stickstoffbindung durch die Bakterien in Reinkultur feststellen können; alle positiven Angaben erwiesen sich als irrig; auch auf Leguminosenextrakt oder bei Zugabe von sterilem, aber lebendem Gewebe der Wirtspflanze usw. war das nicht der Fall. Das spricht dafür, daß es sich um eine in künstlicher Kultur nur sehr schwer zu erzielende Einwirkung der lebenden Pflanze auf die Bakterien handelt.

Aus den Knöllchen wird der Stickstoff, den man hier nur als organisch gebundenen Stickstoff, meist in Form von Eiweiß, aufgefunden hat, in die oberirdischen Teile der Wirtspflanze transportiert, wie das folgende Beispiel nach STOKLASA zeigt,

	Stickstoffgehalt in % der Trockensubstanz zur Zeit von		
	Blüte	Fruchtansatz	Reife (gelbe Lupine)
In den Knöllchen	5,2	2,6	1,7
In den knöllchenfreien Wurzeln	1,6	1,8	1,4

aus dem man ersehen kann, daß mit zunehmender Reife der Pflanze der Stickstoff aus den Knöllchen allmählich verschwindet, deren Gehalt daran sich schließlich nicht von demjenigen der normalen Wurzel unterscheidet, während er vorher sehr viel höher war. Diese Resorption geschieht auf dem Wege der Verdauung, wie SCHAEDE zeigte; es bleiben schließlich nur kaum färbbare Bläschen übrig. Vielleicht ist die Bildung der Bakterioiden als die Einleitung des Verdauungsvorganges anzusprechen.

Charakteristisch für den zeitlichen Verlauf der Stickstoffaufnahme ist noch das in der Jugend vorübergehend auftretende „Hungerstadium", ein Stadium, in dem die Pflanze offenbar an Stickstoffmangel leidet, was wohl dadurch zustande kommt, daß in diesem Augenblick die Bakterien selbst sich zunächst einmal kräftig vermehren und so der Pflanze keinen Stickstoff übrig lassen. Äußerlich zeigen denn auch solche Pflanzen das chlorotische Aussehen des Stickstoffhungers (vgl. S. 56).

Die Menge des von den Leguminosen gebundenen Stickstoffs richtet sich offenbar ganz danach, wie die sonstigen Wachstumsverhältnisse der Pflanze gestaltet werden. Sorgt man durch ausreichende Phosphor-, Kalium- usw. Versorgung dafür, daß die Lebensbedingungen für die Pflanze optimal sind, so verschafft sie sich den Stickstoff entsprechend diesen Bedingungen; sie nutzt eben sozusagen die Arbeit der Bakterien ganz nach Bedarf aus. Und wenn z. B. blaue Lupinen auf gleicher Fläche weniger Stickstoff binden als gelbe Lupinen, so liegt das einfach daran, daß jene sowieso weniger Masse bilden als diese. Das alles ist ohne weiteres verständlich, wenn man bedenkt, daß die Pflanze den Bakterien die zu ihrer Arbeit notwendigen Kohlenhydrate liefert, die wir ja in den Knöllchen als Stärke gespeichert finden. So würde also die Stickstoffbindung lediglich der Ausdruck der Assimilationsleistung der Pflanze selbst sein.

Dies erhellt weiter daraus, daß die Bodenatmung in einem Leguminosenbestand erheblich höher ist als in einem Bestand von Nichtleguminosen, wie Versuche von REINAU und DÖNHOFF zeigten (s. Tab. S. 24). Dieser Überschuß bei Leguminosen ist zum großen Teil der Veratmung der den Bakterien gelieferten Kohlenhydrate zuzuschreiben. Endlich steht noch im Zusammenhang damit, daß nach KOSTYTSCHEW die Leguminosen auf gleicher Blattfläche eine doppelt so hohe Assimilationsleistung zeigen wie etwa Gramineen.

XI. Kreislauf des Stickstoffs (Fortsetzung).

Bindung des elementaren Luftstickstoffs, Fortsetzung [In Symbiose lebende Mikroorganismen, Fortsetzung: Knöllchenbakterien der Leguminosen, Fortsetzung (Theorie der N-Bindung, Verbreitung der Bakterien, Impfung). Wurzelknöllchen an Erle usw. Zyklische Symbiose der Myrsinaceen und Rubiaceen, von Calluna].

Wir müssen uns an dieser Stelle noch etwas mit den energetischen Verhältnissen der Stickstoffbindung befassen. Bei den frei lebenden stickstoffbindenden Bakterien sehen wir ja ohne weiteres, daß sie dazu Energie notwendig haben, indem wir ihnen eine Kohlenstoffquelle bieten müssen; die Menge des gebundenen Stickstoffs, bei Azotobacter 10 mg je 1 g verbrauchter Kohlenstoffquelle, ist gar nicht sehr groß. Bei den Leguminosen liegt die Sache etwas versteckter; wir haben jedoch gesehen, daß der mikroskopische Befund der Stärkeanhäufung in den Knöllchen auf die Belieferung der Bakterien mit Kohlenhydrat hinweist. Auch die auf Leguminosenfeldern erhöhte Kohlensäureproduktion (S. 24) wird auf die Tätigkeit der die von den Pflanzen gelieferten Kohlenhydrate veratmenden Bakterien zurückzuführen sein.

Man könnte leicht einen anderen Schluß ziehen, wenn man die Energetik der Ammoniakbildung (mit Ammoniak als erstem Assimilationsprodukt müssen wir ja, wie oben erwähnt, rechnen) betrachtet:

$$N + 3\,H = NH_3 + 21\ \text{Kal.}$$

Es ist also ein exothermer, Energie liefernder Vorgang. Man

könnte danach also vermuten, daß die Bakterien gar keine Energie zur Stickstoffbindung nötig hätten, vielleicht sogar die im Verlaufe der Stickstoffbindung gewonnene Energie noch in autotrophes Leben umsetzen könnten. Das wäre aber ein Trugschluß. Denn die oben angenommene Beziehung geht vom freien Wasserstoff aus. Nimmt man gebundenen Wasserstoff an, so wird der Vorgang endotherm; denn es würden dann z. B. die obigen 3 Wasserstoffmoleküle 103,5 Kal. Zufuhr verbrauchen, wenn wir sie aus dem Wasser herstellen wollten. Ob nun eine Stickstoffbindung mit freiem Wasserstoff unter Ausnützung der gewonnenen Energie in der Natur besteht, wissen wir heute noch nicht. Was jedoch die bekannten Fälle betrifft, so handelt es sich zweifellos darum, daß eben der gebundene Wasserstoff organischer Verbindungen, eben der den Bakterien gelieferten Kohlenhydrate, herangezogen wird.

Außerdem ist aber noch zu beachten, daß der elementare Stickstoff ja nicht in Atomform, sondern in Molekülform, als N_2, vorliegt, und ein großer Energieaufwand nötig ist, zunächst die Zerreißung des Moleküls in die beiden Atome durchzuführen.

Besonders hervorgehoben werden muß, daß die Leguminosenpflanze durchaus nicht auf die Stickstoffbindung seitens der Bakterien angewiesen ist; ohne Bakterien kann sie, bei genügender Stickstoffversorgung, völlig normal wie jede andere Pflanze gedeihen. Jedoch wird in diesem Falle einfach die Stickstoffbindung und die Knöllchenbildung unterdrückt, wie viele Versuche gezeigt haben. Geringe Mengen gebundenen Stickstoffs sind jedoch für die Stickstoffbindung durch die Leguminosen meist nützlich; es liegt das offenbar daran, daß die Pflanzen so schneller über das oben erwähnte Hungerstadium hinüberkommen.

Man hat begreiflicherweise auch versucht, andere Pflanzen wie Leguminosen mit den Bakterien zu infizieren, wie man sich denken kann, ohne Erfolg; denn bei der allgemeinen Verbreitung der Knöllchenbakterien hätte das in der Natur schon längst eintreten müssen.

Noch ein Wort über die Verbreitung der Knöllchenbakterien. Gegen saure Reaktion sind sie verhältnismäßig wenig empfindlich; doch reagieren sie sehr verschieden. Nach BRYAN sterben Luzernebakterien von p_H 5,0, Rotkleebakterien von p_H 4,5—4,7, Sojabakterien erst von p_H 3,5—3,9 an ab. Im allgemeinen dürfte die optimale Entwicklung zwischen p_H 5—p_H 7 liegen. Sie fehlen dagegen in der Natur stets, wenn die betreffende Leguminosenart bisher nicht vorhanden war, z. B. auf Hochmoorböden, auf denen wohl auch die zu stark saure Reaktion und die schlechte Durchlüftung das Vorkommen erschweren würden. Werden solche Böden kultiviert und Leguminosen angebaut, so ist unbedingt eine Impfung mit den betreffenden Bakterien notwendig, die heute als Präparate im Handel sind, wie z. B. Azotogen. Den Erfolg einer solchen Impfung zeigt das folgende Beispiel von gelben Lupinen nach v. FEILITZEN, und zwar im

nichtgeimpft	14,75 dz	Frischsubstanz je ha
geimpft mit Azotogen .	169,00 ,,	,, ,, ,,
geimpft mit Impferde .	191,00 ,,	,, ,, ,,

Vergleich einer Impfung mit Impferde, wobei einfach Erde von einem Feld, das die anzubauende Pflanze getragen hat, auf das zu impfende Feld gestreut wird. Hierzu braucht man natürlich verhältnismäßig große Mengen, deren Transport umständlich und teuer ist, weshalb man eben die Herstellung konzentrierter Präparate begonnen hat, mit denen man eine Aufschwemmung der Bakterien, etwa in Milch, herstellen und die Samen vor dem Aussäen impfen kann. Am besten eignet sich bei solchen Präparaten die Aufbewahrung in Erde.

Eine Impfung kann aber auch sonst noch vorteilhaft sein, da die Bakterien im allgemeinen auch auf Kulturböden fehlen, auf denen die betreffende Pflanze nicht angebaut wurde; in Afrika blieb z. B. die europäische Erbse knöllchenfrei, in Europa die asiatische Sojabohne. Endlich kann auch u. U. durch Impfung Erfolg erzielt werden, wenn die Bakterien im Boden nicht zahlreich sind und durch die Impfung der Knöllchenbesatz verstärkt werden kann. Auf jeden Fall ist diese Leguminosenimpfung unter günstigen Verhältnissen ein Fall, in dem man tatsächlich durch unmittelbaren bakteriologischen Eingriff vollen Erfolg erzielen kann, was für die sonstigen mikrobiologischen Verhältnisse nicht gilt. Es sind hier aber noch viele Fragen zu lösen, die sich auf die oben erwähnten Erscheinungen der Vertretbarkeit, Virulenz usw. erstrecken.

Ähnliche Wurzelknöllchen wie bei den Leguminosen finden sich auch in Form angeschwollener und verzweigter Kurzwurzeln, von MIEHE Rhizothamnien genannt, bei einer Reihe von Holzpflanzen, so bei der Erle (Alnus); hier können sie die Größe eines kleinen Apfels erreichen und verholzen später. Die Untersuchungen HILTNERS konnten soeben durch KREBBER bestätigt werden: Danach ist auch hier eine Stickstoffbindung bewiesen. In Kulturen ohne Stickstoff und ohne Mikroorganismen gehen die Pflanzen bald an Stickstoffhunger zugrunde, gedeihen aber ohne gebundenen Stickstoff mit Knöllchen sehr gut und besitzen sogar höheren Stickstoffgehalt in den Blättern als Vergleichspflanzen mit Nitraternährung. Über den Organismus ist man sich jedoch noch nicht klar. In den Knöllchen findet er sich in Form feiner Fäden mit bläschenförmigen Anschwellungen; es handelt sich wahrscheinlich um einen Actinomyceten. Andere Autoren wollen allerdings daneben auch einen radicicola-ähnlichen Organismus gefunden haben. Jedenfalls ist eine Reinkultur des Organismus noch nicht geglückt, bzw. hat man mit aus den Knöllchen isolierten Actinomyceten oder Bakterien noch keine Impferfolge erzielen können, sodaß sich noch nichts Sicheres aussagen läßt.

Der gleiche Nachweis der Stickstoffbindung in Wurzelknöllchen ist auch durch KATAOKA für eine andere Nichtleguminose, Coriaria japonica geführt worden; auch hier ist der Erreger noch nicht isoliert.

Wurzelknöllchen findet man ferner noch bei dem Gagelstrauch, Myrica gale, dem Post der norddeutschen Moore, einem weidenartig aussehenden Strauch, ferner bei Ölweidengewächsen, Elaeagnaceen, wie dem in Deutschland einheimischen See-, Sand- oder Stranddorn, Hippophaë rhamnoides, der eine gewisse praktische Bedeutung besitzt zur Befestigung von Dünen und Flußufern, eine Bedeutung, die bei Fixierung elementaren Luftstickstoffs natürlich noch erhöht würde, was jedoch in diesem Falle noch nicht erwiesen ist. Zur gleichen Pflanzenfamilie gehört die aus dem Mittelmeergebiet stammende und Wurzelknöllchen führende Ölweide, Elaeagnus angustifolius.

Wurzelknöllchen besitzen weiterhin die zu den Rhamnaceen gehörige Ceanothus americanus, Podocarpus usw. Bei den Cycadeen finden sich ebenfalls Knöllchen, welche jedoch in einer gewissen Schicht der Rinde Blaualgen der Gattung Nostoc oder Anabaena enthalten, mit denen wieder Azotobacter vergesellschaftet ist, so daß man also eine Stickstoffbindung durch dieses Bakterium annehmen kann, da Algen allein vielleicht nicht dazu imstande sind (s. S. 47). Auch bei Azolla finden sich Blaualgen (Anabaena) zusammen mit Azotobacter, ohne daß hier jedoch äußerlich sichtbare Knöllchen in Erscheinung treten. Auch hier ist die festgestellte Stickstoffbindung auf das bekannte Bakterium zurückzuführen.

Bei den eben besprochenen Pflanzen, namentlich den Leguminosen, handelt es sich um ein im Grunde genommen nicht sehr enges Zusammenleben, da beide Komponenten völlig getrennt leben können und gewissermaßen nur zufällig zusammen kommen.

Erheblich enger ist das Zusammenleben bei einigen tropischen Pflanzen ausgebildet, nämlich in Form einer zyklischen Symbiose, wobei den Samen der Pflanze die Bakterien mitgegeben werden, auch die Pflanze ohne die Bakterien nicht recht lebensfähig zu sein scheint. Das ist z. B. bei der zu den Myrsinaceen gehörigen Ardisia crispa der Fall, die durch MIEHE eingehend untersucht wurde. Das Blatt, etwa von Form und Größe eines Lorbeerblattes, ist am Rande gekerbt; in den Buchten dieser Einkerbungen sitzen kleine Knötchen, welche ähnliche Bakterieninvolutionsformen führen wie das bei den Leguminosenknöllchen der Fall ist. Das Bakterium wurde als Bac. foliicola bezeichnet. Es findet sich in den Samen zwischen Embryo und Endosperm, gelangt auf den Vegetationspunkt und infiziert schließlich den Blattrand durch Wasserspalten, die es zu den Bakterienknötchen umbildet. Bakterienfrei gemachte Pflanzen wuchsen ganz anomal zu blumenkohlartigen Gebilden. Doch ist eine restlose Klarstellung aller notwendig zu klärenden Punkte noch nicht gelungen, insbesondere keine Rückinfektion der bakterienfrei gemachten Pflanzen, was sich durch längeres Erwärmen auf 40^0 C erzielen läßt.

Bei tropischen Rubiaceen (Pavetta-, Psychrotia-Arten), die hauptsächlich durch v. FABER untersucht wurden, liegen die Verhältnisse, was die Verbreitung der Bakterien in der Pflanze betrifft, ganz ähnlich. Doch liegen hier die Bakterienknötchen auf der Blattspreite. Das Bakterium, das zu den Mycobakterien gehören soll, Mycobacterium Rubiacearum, zeigte in Reinkultur die Fähigkeit zur Stickstoffbindung. Auch hier sind jedoch die Verhältnisse noch nicht so durchsichtig wie bei den Leguminosen. Doch wird man wohl in beiden Fällen eine Stickstoffbindung durch die Bakterien und die Belieferung der Pflanze damit annehmen dürfen. In der tropischen Landwirtschaft spielen jedoch diese Pflanzen keineswegs eine solche Rolle, wie man sie danach und nach der Bedeutung der Leguminosen vielleicht erwarten könnte.

Von dem sonstigen Zusammenleben von Mikroorganismen mit höheren Pflanzen ist in Hinsicht auf die Stickstoffbindung noch die Mycorrhiza in Betracht zu ziehen; wir werden jedoch später (S. 110 ff.) sehen, daß der „Sinn der Mycorrhizabildung“ ein anderer ist, und nur ein Fall in diesem Zusammenhang zu betrachten ist, nämlich das Zusammenleben von Calluna vulgaris, dem Heidekraut der norddeutschen Heiden, mit einem Pilz, einer Phoma-Art, zu den Ascomyceten gehörig, aber ein Fungus imperfectus, von dem nur die genannte Nebenfruchtform bekannt ist.

Die Symbiose ist nach RAYNER zyklischer Natur, der Pilz findet sich auf der Testa der Samen und durchzieht später nicht nur die Wurzel, sondern, im Gegensatz zur eigentlichen Mycorrhiza, auch die ganze Pflanze. Die genannte Autorin zeigte, daß das Heidekraut mit dem Pilz und ohne Stickstoff gut gedeiht. Auch in Reinkultur des Pilzes hat man Stickstoffbindung festgestellt, wenn auch die Sicherheit solcher Feststellungen durch die neuesten Erfahrungen in der Stickstoffbindung der Pilze etwas erschüttert ist, und ja, wie das Beispiel der Leguminosenbakterien (S. 54) zeigt, nicht einmal das Fehlen der N-Bindung in Reinkultur etwas über die tatsächlich erfolgende N-Bindung aussagt.

XII. Kreislauf des Stickstoffs (Fortsetzung).

Stickstoff-Assimilation. Ammoniakbildung (Eiweißzersetzung; Fäulniskraft des Bodens; Ammoniakbildung aus verschiedenen organischen Düngemitteln. Bedeutung des Kohlenstoff/Stickstoff-Verhältnisses).

Bei der Stickstoffbindung haben wir einen besonders bemerkenswerten Sonderfall der Stickstoffassimilation vor uns. Normalerweise vollzieht sich diese durch Verarbeitung irgend einer Stickstoffverbindung zu den stickstoffhaltigen Substanzen der Mikroorganismenleiber. Im einzelnen finden wir dabei eine außerordentlich große Mannigfaltigkeit der Erscheinungen, auf die indessen hier nicht eingegangen werden kann (vgl. Theor. Mikrobiol. S. 66 ff.). In diesem Zusammenhange ist das Wesentliche, daß dieser Stickstoff den höheren Pflanzen entzogen, also vorübergehend festgelegt ist, wie bereits S. 31 an einem Beispiele gezeigt wurde. Wir werden ferner bei Besprechung der Ammoniakbildung im Boden die Wichtigkeit dieses Vorganges noch kennen lernen und werden endlich sehen, daß in der Natur die Mycorrhizafrage von dem Gesichtspunkte der Konkurrenz der Mikroorganismen und höheren Pflanzen um den Stickstoff aus zu betrachten ist.

Hier sei nur erwähnt, daß Pilze den Stickstoff stärker festlegen als Bakterien. Das liegt nicht etwa daran, daß Pilze stickstoffreicher sind als Bakterien; sie enthalten im Gegenteil in der Trockenmasse nur etwa 5% Stickstoff gegenüber 8—10% bei den Bakterien. Aber aus einer bestimmten Menge von Kohlenstoffverbindungen bilden die Pilze, wenn wir keine Einzelfälle, sondern die Gesamtheit ins Auge fassen, mehr Masse als die Bakterien; verbrauchen also auch mehr Stickstoff. Jedoch hängt das auch sehr viel von der Sauerstoffversorgung ab. Die von den

Mikroorganismen nicht zu Körpersubstanz verarbeiteten Kohlenstoffverbindungen werden zur Energiegewinnung mit Sauerstoff veratmet, bzw. anaërob vergoren. Die Sauerstoffatmung schafft aber sehr viel mehr Energie als die anaërobe Vergärung; 1 g-Molekül Zucker liefert bei der Veratmung mittels Sauerstoffs 674 Kalorien, bei der Vergärung zu Alkohol dagegen nur 28,1 Kal., es muß daher umgekehrt bei Sauerstoffabschluß erheblich mehr organisches Material umgesetzt werden, damit eine genügende Menge von Energie gewonnen werden kann. So bildet ein aërob arbeitender Pilz aus 100 g Zucker etwa 30 g Pilzmasse, ein anaërob arbeitendes Bakterium dagegen nur etwa 1 g Bakterienmasse.

Das gilt sowohl für den Vergleich eines und desselben Organismus unter aëroben und anaëroben Lebensbedingungen (falls er unter beiden wachsen kann), wie auch für den Vergleich verschiedener streng aërober oder anaërober Typen. Da nun die Bakterien in dieser Hinsicht im allgemeinen sehr viel anpassungsfähiger sind als die Pilze (abgesehen von Hefen), bzw. mehr nach der anaëroben Seite des Stoffwechsels neigen, so werden wir in der Natur in erster Linie mit der Festlegung des Stickstoffs durch Pilze zu rechnen haben, wie sich besonders deutlich bei der Mycorrhizafrage zeigt. Es ist auch weiter kein Zufall, daß die Festlegung des Stickstoffs bei Einbringung von Zellwandbestandteilen in den Boden (S. 31) besonders intensiv ist. Denn es scheint, wie S. 17 weiter gezeigt wurde, daß durch Cellulose in Gegenwart anorganischer Stickstoffverbindungen namentlich Pilze in ihrem Wachstum außerordentlich gefördert werden.

Andererseits kann man sehen, daß im lagernden Stalldünger, in dem nur anaërobe Bakterien tätig sind, keine Festlegung des Stickstoffs eintritt, obwohl ein großer Teil der Kohlenstoffverbindungen verschwindet, die dort also vergoren werden, wodurch gleichzeitig der späteren Festlegung des Stickstoffs im Erdboden vorgebeugt wird.

Aller organisch gebundene Stickstoff wird im Erdboden durch die Mikroorganismentätigkeit zersetzt und erscheint schließlich als Ammoniak, soweit er eben nicht für gewisse Zeit in den Humussubstanzen des Bodens festgelegt wird. Auf deren Schicksal werden wir später zu sprechen kommen und zunächst die Zersetzung der übrigen Stickstoffverbindungen betrachten, von denen zunächst die Eiweißverbindungen wichtig sind, wie sie mit den absterbenden und zurückbleibenden Pflanzenresten, den toten Tieren, namentlich aber mit den natürlichen Düngemitteln, wie vor allem dem Stallmist und dem Gründünger, in den Erdboden gelangen.

Es gibt eine sehr große Anzahl von Mikroorganismen, die imstande sind, Eiweißverbindungen abzubauen; man kann sogar sagen, daß mehr oder weniger alle dazu imstande sind, da ja Eiweiß ein verbreiteter Reservestoff ist, mithin auch die Fähigkeit, es abzubauen, gleichzeitig vorhanden sein muß. Immerhin zeichnen sich eine Reihe von Mikroorganismen durch besonders intensive Fähigkeit zur Eiweißzersetzung aus, da sie vornehmlich mit solchen Verbindungen ihren ganzen Stoffwechsel, auch den großen Umsatz bringenden Energiestoffwechsel, durchführen, wobei zwangsmäßig Ammoniak in Freiheit gesetzt wird. Diese kräftigen Eiweißzersetzer vermögen deshalb Eiweiß intensiv abzubauen, weil sie die Eiweiß lösenden Enzyme als Ektoenzyme nach außen abscheiden; es handelt sich um die als Gelatineverflüssiger bekannten Formen. Bei den übrigen treten diese Enzyme als Endoenzyme nicht nach außen.

Als wichtigster anaërober Fäulniserreger ist Bacillus putrificus zu nennen, ein peritrich begeißeltes Stäbchen mit Endosporen der Plectridiumform, das stets bei der Fäulnis von Tierleichen gefunden wird. Auch der im Erdboden vorkommende Tetanusbacillus, der Erreger des Starrkrampfes, von fast gleichem Aussehen, ist hier zu nennen.

Fakultativ anaërob ist der vielgestaltige Bac. vulgaris, ein sporenloses Stäbchen, wegen seiner Vielgestaltigkeit auch Proteus genannt.

Daran schließen sich die zahlreichen aëroben sporenbildenden peritrich begeißelten Erdbakterien, von denen wir einige Gruppen nennen wollen:

Gruppe des Bac. subtilis mit relativ kleinen Zellen, der Heubacillus, der sich als Kahmhaut auf jeder Heuabkochung einstellt.

Gruppe des B. mesentericus, der Kartoffelbacillus, mit oft dunkel verfärbten Kolonien.

Gruppe des B. mycoides mit fädigem, fast pilzähnlichem und spiraligem Wachstum der Kolonien.

Gruppe des B. megaterium mit relativ großen Zellen.

Auch der in Erde vorkommende sporenbildende, aber unbewegliche Milzbrandbacillus mag hier genannt werden.

Weiterhin gehören zu kräftigen Eiweißzersetzern eine Reihe farbstoffbildender Bakterien, wie Pseudomonas fluorescens und pyocyaneus, B. prodigiosum, das Bakterium der blutigen Hostie, und andere mehr. Endlich wäre noch zu nennen B. coli, der verbreitete Darmbewohner, die Leitform für Wasser, das organische Verunreinigungen enthält, das ebenso wie die sonstigen Milchsäurebakterien Eiweiß kräftig abbaut.

Endlich vermögen die Actinomyceten und Pilze intensiv Eiweiß abzubauen, namentlich, wenn man es ihnen als einzige Kohlenstoffquelle bietet. So ist es nicht verwunderlich, daß dem Angriff aller dieser Mikroorganismen Eiweißverbindungen im Boden schnell erliegen, auch unter den verschiedensten äußeren Bedingungen.

Das folgende Beispiel mag für eine Reihe von Mikroorganismen die Fähigkeit zur Eiweißzersetzung zeigen, gemessen an der Ammoniakbildung (nach MARCHAL):

In % des ursprünglich vorhandenen Stickstoffs war nach 20 Tagen bei 30° C Ammoniak gebildet durch

B. mycoides	46	B. arborescens	19	
B. vulgaris	36	B. fluorescens liquefaciens	16	
Sarcina lutea	27	Cephalothecium roseum	37	Pilze
B. subtilis	23	Aspergillus terricola	32	
B. janthinus	23	Botryotrichum piluliferum	24	
B. fluorescens putidum	22	Stemphylium	5	
B. mesentericus	36	Actinomyces	21	

In anderen Fällen würde man wohl etwas andere Zahlen bzw. Reihenfolgen erhalten. Jedenfalls sieht man, daß auch Pilze den Bakterien in ihrer Wirksamkeit gleichkommen können.

Als Endprodukt erscheint, wie gesagt, Ammoniak. Die Fähigkeit eines Bodens, Ammoniak zu bilden, das heißt also die Menge der ammoniakbildenden Mikroorganismen, bezeichnet man als Fäulniskraft. Man stellt sie nach REMY so fest, daß man eine Peptonlösung mit einer gewissen Menge Erde impft und das nach einer gewissen Zeit bei konstanter Temperatur gebildete Ammoniak bestimmt (bei 20° C in 4 Tagen in einer mit 10% Erde geimpften 1%igen Peptonlösung). Auf diese Weise konnte man z. B. feststellen, daß Hochmoorböden eine geringe Fäulniskraft besitzen; immer wieder tritt also die Armut dieses Bodens an mineralisierenden Mikroorganismen hervor. Niederungsmoor zeigt schon größere Fäulniskraft; bei Mineralböden überwiegt sie bei den neutral bzw. schwach alkalisch reagierenden. Manchmal fand man gute Übereinstimmung zwischen der Fähigkeit eines Bodens, den Stickstoff einer Eiweißdüngung auszunutzen und seiner Fäulniskraft, wie folgendes Beispiel nach REMY zeigt.

Boden Nr.	Fäulniskraft	Ausnutzung des Düngerstickstoffs in der Ernte
1	100	100
2	144	138
3	156	163

Wir werden jedoch später sehen (S. 131 ff.), daß allgemein eine solche Beziehung nicht besteht.

Im allgemeinen läßt sich wohl sagen, daß leichte, „tätige“ Böden (mit 3—24% abschlämmbaren Teilen) eine größere Fäulniskraft besitzen als schwere Böden (mit 40% abschlämmbaren Teilen), was zweifellos auf die bessere Durchlüftung jener zurückzuführen ist, wie sich die Ammoniakbildung denn auch vornehmlich unter aëroben Verhältnissen vollzieht.

Im übrigen ist die Ammoniakbildung natürlich abhängig von der Beschaffenheit des organischen Materials, aus dem sie erfolgen soll; wir werden sehen, daß sich schon der Stalldünger allein darin ganz verschieden verhält. Die organischen Düngemittel, die in der Landwirtschaft in Betracht kommen, Guano, Blutmehl, Hornmehl, Fleisch- und Fischmehl, Knochenmehl, Ledermehl werden etwa in dieser Reihenfolge von links nach rechts immer schlechter im Boden zu Ammoniak abgebaut. Leicht bis zu Ammoniak abgebaut wird auch die Mikroorganismensubstanz selbst, falls den Mikroorganismen keine Nährstoffe zur Verfügung stehen, auf Grund deren sie sich vermehren können. Das gilt auch für das bei den Pilzen ebenso wie in den Panzern von Insekten, Crustaceen usw. vorkommende Chitin, das von gewissen Bakterien (B. chitinovorus) zerstört werden kann; doch baut der Schimmelpilz Aspergillus niger sein eigenes Chitin bei der Autolyse ab.

Ein sehr instruktives Beispiel, wie die Industrie der Tätigkeit der Mikroorganismen vorarbeiten kann, und wie bis zu einem gewissen Grade die biologische Angreifbarkeit der Stoffe mit der chemischen parallel geht, bietet das Ledermehl; dieses kommt in roher, ursprünglicher, sehr schwer angreifbarer Form oder als mit Wasser gedämpftes oder endlich als mit Schwefelsäure aufgeschlossenes Ledermehl in den Handel. PFEIFFER fand hier folgende Zahlen:

Wirkungswert bei	Vegetationsversuch	Nitrifizierbarkeit
Ammoniumnitrat	233	—
Rohes Ledermehl	7,7	8,0
Gedämpftes Ledermehl	32,4	35,7
Aufgeschlossenes Ledermehl (= 100 gesetzt)	100	100

Bei diesen ist allerdings nicht die Ammoniak-, sondern die Nitratbildung, die sich im Boden unmittelbar an jene anschließt, als Maßstab der Zersetzungsfähigkeit genommen. Wie man sieht, gehen die Zahlen völlig den durch den Vegetationsversuch gefundenen parallel, wobei die Stickstoffwirkung im Gefäßversuch ermittelt wurde. Der chemische Eingriff erleichtert also den Mikroorganismen den Abbau des geprüften Materials um so mehr, je stärker er war.

Außer diesen in der chemischen Konstitution liegenden Unterschieden in der Abbaufähigkeit einer Substanz, ist ein wesentliches Moment bei Substanzen von annähernd gleicher Abbaufähigkeit das Verhältnis von Kohlenstoff zu Stickstoff. Dieses Verhältnis ist tatsächlich weiterhin, wie wir noch für den Stalldünger (S. 73) und die Humussubstanzen des Bodens (S. 108) sehen werden, von ausschlaggebender Bedeutung für den Ablauf des Stickstoffumsatzes im Boden überhaupt. Es sei hier schon vorweggenommen, daß sich die Mineralisation des Stickstoffs im Boden gut vollzieht, wenn das Kohlenstoff/Stickstoff-Verhältnis auf mindestens 20:1 gesunken ist. Bietet man einem Pilz oder einem Bakterium neben einer Eiweißverbindung etwa noch Kohlenhydrat, so wird das Eiweiß bis zu einem gewissen Grade vor dem Abbau geschützt und jenes bevorzugt verarbeitet. Die Folge ist eine verminderte Ammoniakbildung bei Zuckerzusatz im Vergleich zur Nährlösung ohne Zucker. LIPMAN u. A. fanden z. B. folgendes:

Ammoniakbildung in 400 cm³ Nährlösung nach 6 Tagen			Zahl der Bakterien in Mill.
Bakterienart	Behandlung	mg NH_3 gebildet	
B. subtilis	Casein	43,0	28,8
	Casein + Glucose	11,9	42,6
B. vulgaris	Casein	13,6	62,4
	Casein + Glucose	2,6	67,7
B. megaterium . . .	Casein	20,8	57,8
	Casein + Glucose	10,5	87,9
Aspergillus niger . . (nach WAKSMAN) mg NH_3 in 100 ccm nach 5 Tagen	Pepton	44,8	0,20 g
	Pepton + 3 % Zucker	14,1	1,30 g
	Pepton + 20 % Zucker	0	1,61 g

Bei Reinkulturen ist also das Gesagte eingetreten. Dabei beachte man, daß der Rückgang der Ammoniakbildung bei Zuckergegenwart nicht etwa mit einem Rückgang der Bakterienzahl zusammenfällt, die im Gegenteil stark erhöht ist bei Zuckerzugabe, wie auch im Falle des Pilzes Aspergillus das Mycelgewicht trotz verminderter NH_3-Bildung sehr viel höher ist.

Ähnliches ergibt sich, wenn man verschiedene Substanzen von verschieden weitem Kohlenstoff/Stickstoff-Verhältnis vergleicht. LIPMAN fand:

Stickstoffquelle	4 g Substanz + 100 g Boden ergaben in 7 Tagen mg Ammoniak			
	Stickstoffgehalt		mg Ammoniak	
	in %	absolut mg	ohne Kohlenhydrat	+ 2 g Stärke
Reismehl	1,16	46,4	1,26	0,87
Maismehl	1,28	51,2	1,18	0,69
Weizenmehl	2,37	94,8	5,14	1,56
Erbsenmehl	3,92	156,8	50,88	23,70
Leinsamenmehl	6,18	247,0	110,69	63,34
Sojabohnenmehl	6,14	245,6	129,64	54,36
Baumwollsamenmehl . .	6,15	246,1	123,63	54,54

An und für sich ist es vielleicht nicht so auffallend, daß mit sinkender absoluter Stickstoffmenge des Nährmaterials auch die Ammoniakbildung sinkt. Aber sie sinkt in einem unverhältnismäßig starken Grade. Reismehl hat etwa $^1/_5$ des Stickstoffgehaltes von Baumwollsamenmehl; aber die Ammoniakbildung beträgt nur rund $^1/_{100}$. Zugabe von Stärke drückt, wie man sieht, die Ammoniakbildung bei allen weit herunter. Man hat auch weiter den Versuch gemacht, durch Zugabe von Stärke die Verhältnisse so zu gestalten, daß nunmehr in den verschiedenen Materialien das Stickstoff/Kohlenstoff-Verhältnis gleich war; der Erfolg war der erwartete: auch die Ammoniakbildung war jetzt gleich.

XIII. Kreislauf des Stickstoffs (Fortsetzung).

Ammoniakbildung, Fortsetzung [Fäulniskraft des Bodens, Fortsetzung (Bedeutung der Lüftung, sonstiger äußerer Verhältnisse, der Stickstoff-Assimilation, Nitratbildung). Zersetzung von Harnstoff, Kalkstickstoff, Hippursäure, Harnsäure. Behandlung und Wirkung des Stalldüngers (Rotte, Ammoniakverluste, Tiefstall und Flachstall)].

Wie schon gesagt, vollzieht sich die Ammoniakbildung unter aëroben Verhältnissen besser als unter anaëroben, was folgende Zahlen (Seite 67) nach KELLEY zeigen.

Bei Besprechung der Verhältnisse im Stalldünger wird uns die gleiche Erscheinung entgegentreten. Immerhin dürfte es sich unter natürlichen Verhältnissen nicht um eine völlige Sistierung, sondern nur um eine Verzögerung der Ammoniakbildung bei anaëroben Bedingungen handeln.

Ammoniak gebildet in mg nach 9 Tagen bei Zugabe von 1 g Substanz auf 100 g Boden:

Substanz	aërob	anaërob
Caseïn	56,9	53,2
Getrocknetes Blut . . .	49,3	12,3
Sojabohnenkuchen. . .	48,7	14,0
Baumwollsaatmehl . .	32,0	8,5
Leinsamenmehl	34,6	6,9

Bezüglich der sonstigen äußeren Bedingungen, Einfluß des Wassergehaltes, des jahreszeitlichen Verlaufs usw. gilt das gleiche wie für die Mikroorganismenzahl und Kohlensäurebildung Gesagte. Auf die Bedeutung der Reaktion wird gleich zurückzukommen sein. An dieser Stelle muß nun noch auf eine andere, mehr methodische Frage eingegangen werden, die bei Ammoniakbestimmungen (und auch bei Salpeterbestimmungen) beachtet werden muß. Bestimmt man die Fäulniskraft nach der geschilderten Methode von REMY, so wird man infolge des einseitigen Überwiegens der Ammoniakbildung wohl in erster Linie diese selbst erfassen. Ganz anders werden dagegen die Verhältnisse, wenn man mit Boden als Substrat arbeitet, oder die Ammoniakbildung aus komplexen Substanzen untersucht. Abgesehen von der Bedeutung des Stickstoff/Kohlenstoff-Verhältnisses sind dabei noch folgende Punkte zu beachten:

Zunächst die Stickstoffassimilation, wie sie bei einem weiten Kohlenstoff/Stickstoff-Verhältnis eintritt; auf S. 71 wird darauf noch weiter eingegangen werden. Jedenfalls wird der von Mikroorganismen assimilierte Stickstoff eine geringere Ammoniakbildung vortäuschen. Sodann die Nitratbildung, die sich im normalen Ackerboden an die Ammoniakbildung unmittelbar anschließt; bei alleiniger Bestimmung des Ammoniaks fällt die dem gebildeten Nitrat entsprechende Menge, meist der überwiegende Teil, ebenfalls heraus. Endlich ist zu beachten, daß in Mischkulturen bei weitem Kohlenstoff/Stickstoff-Verhältnis sich säurebildende Mikroorganismen entwickeln und die Tätigkeit der Ammoniakbildner bzw. der Fäulnisbakterien zurückdrängen können. Die Konservierung von Futtermitteln durch Milchsäurebakterien (vgl. S. 149) bietet ein Beispiel dafür. Diese Hemmung der Ammoniakbildung durch Säurebildner hat im Boden vielleicht aber die geringste Bedeutung. Jedenfalls sieht man, daß hier, wie auch in anderen Fällen, der Gesamtkomplex der Vorgänge erfaßt werden muß, wenn man ein richtiges Bild von dem natürlichen Verlauf gewinnen will.

Unter den Vorgängen, die zur Ammoniakbildung führen, seien noch einige von besonderer landwirtschaftlicher Bedeutung besprochen, zunächst die Harnstoffzersetzung. Harnstoff besitzt ja, als wesentlicher stickstoffhaltiger Bestandteil der flüssigen tierischen Ausscheidungsprodukte, eine große praktische Bedeutung. Seine Umsetzung geht außerordentlich schnell vor sich, wobei kohlensaures Ammoniak gebildet wird.

$$\underset{\text{Harnstoff}}{CO(NH_2)_2} + \underset{\text{Wasser}}{2\,H_2O} = \underset{\text{Kohlensaures Ammoniak}}{(NH_4)_2CO_3} + 7\text{ Kal.}$$

Charakteristisch für Kulturen von Harnstoffzersetzern ist die infolge des Ammoniaks sowie des Magnesiums und der Phosphorsäure der Nährlösung stattfindende Ausscheidung von Kristallen des unlöslichen Ammonium-Magnesiumphosphates [$(NH_4)MgPO_4$], die auf festen Nährböden als Kristallhof die Kultur umgeben.

Als Harnstoffzersetzer kommen eine ganze Reihe von Bakterien in Betracht, wie Micrococcus pyogenes und andere; die kräftigsten Harnstoffzersetzer jedoch sind sporenbildende, peritrich begeißelte, aërobe Stäbchen, namentlich Bacillus probatus, unter welchem Namen VIEHOEVER eine ganze Reihe von unter verschiedenen Namen wie Urobacillus Pasteuri usw. beschriebene Formen zusammenfaßte. Wie man aus der oben angegebenen Formel ersieht, verläuft der Vorgang unter, wenn auch geringem, Energiegewinn. Es liegt deshalb die Möglichkeit vor, daß die Bakterien mit Hilfe der gewonnenen Energie autotroph leben, wofür auch Andeutungen gefunden wurden, ohne daß man es jedoch mit Sicherheit hat nachweisen können. Das wirksame Enzym, die Urease, ist übrigens bei zahlreichen Mikroorganismen verbreitet, wie denn auch Harnstoff für sehr viele eine ausgezeichnete Stickstoffquelle darstellt.

Denn neben dem Harnstoff muß eine besondere Kohlenstoffquelle vorhanden sein, Zucker, organische Säuren, namentlich aber eignet sich Pepton hierzu ausgezeichnet. Auch Humusstoffe sollen von Harnstoffbakterien als C-Quelle verwendet werden können, welche Angabe von CHRISTENSEN ziemlich die einzige positive dieser Art ist. Nach SÖHNGEN vermögen 20 mg einer solchen Kohlenstoffquelle 500 mg Harnstoff zu zersetzen, in einem Falle wurde sogar das Verhältnis 10:1800 gefunden, was die Intensität des Vorganges veranschaulichen möge. Die Menge des Umsatzes gleicht gewissermaßen die Geringfügigkeit des Energiegewinnes aus. Infolgedessen wird Jauche ganz außerordentlich schnell zersetzt, lange bevor sie auf das Feld hinauskommt, was weiter unten zu erwähnende praktisch wichtige Folgerungen hat.

Die Ammoniakbildung aus Harnstoff verläuft in der Natur hauptsächlich aërob; doch soll es auch anaërobe Harnstoffzersetzer geben; Geilinger stellte eine solche anaërobe Harnstoffzersetzung bei 72 untersuchten Fällen allerdings nur in 5,6% dieser Fälle fest.

Um eine Harnstoffzersetzung handelt es sich auch bei der *Zersetzung des Kalkstickstoffs*, der als Düngemittel jetzt allerdings viel von seiner einstigen Bedeutung verloren hat. Es kommen dabei jedoch auch chemische Umsetzungen hinzu. Die Zersetzung vollzieht sich folgendermaßen:

I $CN \cdot NCa + 2\,H_2O = CN \cdot NH_2 + Ca(OH)_2$
Calciumcyanamid — Cyanamid

II $CN \cdot NH_2 + H_2O = CO(NH_2)_2$
Cyanamid — Harnstoff

III $CO(NH_2)_2 + 2\,H_2O = (NH_4)_2CO_3$
Harnstoff — Kohlensaures Ammoniak.

Kalkstickstoff ist Calciumcyanamid, das durch Wasseraufnahme in Cyanamid und weiter in Harnstoff übergeht, der nunmehr kohlensaures Ammoniak liefert. Nur dieser letzte Vorgang jedoch ist biologischer Natur, während die beiden ersten Phasen rein chemisch, ohne Mitwirkung von Mikroorganismen, verlaufen, wobei gewisse kolloidale Bestandteile des Bodens, Eisenhydroxyd, Mangansuperoxyd, die Rolle eines Katalysators spielen. Die Harnstoffzersetzung soll dann durch andere Bakterien, gelbe Kurzstäbchen, durchgeführt werden wie bei der reinen Harnstoffzersetzung; möglicherweise sind in dem Kalkstickstoff Stoffe (andere Cyanverbindungen usw.), welche B. *probatus* hemmen.

Zu erwähnen ist weiter noch die Ammoniakbildung aus *Hippursäure*, welche im Pferdeharn etwa in gleicher Menge vorkommt wie Harnstoff, im Rinderharn dagegen sehr zurücktritt, und aus *Harnsäure*, welche in den Exkrementen von Vögeln und Reptilien, also im Guano, in größerer Menge vorkommen. Sie werden durch aërobe Schimmelpilze und durch gewisse aërobe sporenbildende Erdbakterien zersetzt. Die Hippursäure zerfällt dabei zunächst in Benzoësäure und Glykokoll,

$$C_6H_5CO \cdot NHCH_2 \cdot COOH + H_2O = C_6H_5COOH + NH_2CH_2 \cdot COOH$$
Hippursäure — Benzoësäure — Glykokoll

die dann weiter verarbeitet werden, während die Harnsäure, worauf hier nicht näher eingegangen werden soll (vgl. Theor. Mikrobiol. S. 111/112), in Kohlensäure, Oxalsäure und Harnstoff, dieser dann weiter in kohlensaures Ammoniak umgewandelt wird. Es kann sich dabei um recht beträchtliche Mengen handeln; denn mit 1000 hl Jauche gelangen z. B. je ha 4—500 kg aus der Hippursäure entstandene Benzoësäure in den Boden.

Die Vorgänge, die zur Ammoniakbildung im Boden führen, haben von landwirtschaftlichen Gesichtspunkten aus noch ein ganz besonders großes Interesse in Hinsicht auf die Behandlung des wichtigsten Ammoniak liefernden organischen Düngemittels, des Stalldüngers. Bekanntlich wird dieser nicht unmittelbar in frischem Zustande auf das Feld gebracht, sondern erst geraume Zeit einer Rotte, einer Gärung unterworfen. Es handelt sich dabei um zweierlei: Nämlich einmal darum, den Dünger zu seiner Eignung als Düngemittel vorzubereiten und sodann darum, während der Lagerzeit Verluste an wertvoller Substanz, also vornehmlich an Stickstoff, zu vermeiden. Hierbei wird bei dem in der Praxis am meisten üblichen Verfahren der tierische Harn zusammen mit Kot und Streu auf den Düngerhaufen gebracht. Dieses Verfahren ist indessen sehr wenig empfehlenswert, wie eine nähere Betrachtung zeigt.

Der Harnstoff der Jauche wird, wie erwähnt, äußerst schnell in kohlensaures Ammoniak umgesetzt. Als Salz einer schwachen Säure und einer verhältnismäßig starken Base ist dieses stark dissoziiert; es entweicht fortwährend Ammoniak. Bringt man nun die Jauche auf den Düngerhaufen, so wird eine große Oberfläche geschaffen, so daß viel Ammoniak verdunsten kann. Es ist keine Seltenheit, daß dieser Verlust $^{1}/_{3}$ des Gesamtstickstoffs des Stalldüngers beträgt. Die getrennte Aufbewahrung des Harns in verschlossenen Gruben ist praktisch erheblich vorteilhafter, weil sie die Verdunstung auf ein Minimum herabsetzt und Stickstoffverluste verhindert. Wie man im übrigen diese Verluste durch Zusatz sauer reagierender Stoffe zu verhindern sucht, soll jedoch hier, in diesem rein biologischen Zusammenhange, nicht weiter erörtert werden.

Aber auch auf biologischem Wege hat man die Stickstoffverluste herabzudrücken versucht; diese Methoden haben allerdings keine allgemeine Anwendung gefunden: Einmal ist von Dehérain der Vorschlag gemacht worden, den frischen Stallmist auf eine Schicht alten, gut verrotteten Mistes zu packen, der kräftig Kohlensäure produziert, wodurch die Dissoziation des Ammoncarbonates und damit die Ammoniakverluste herabgedrückt werden. Diese stellten sich bei so behandeltem Dünger auf 16,9% des Gesamtstickstoffs gegen 30,3% bei gewöhnlicher Behandlung. Barthel hat vorgeschlagen, da wo Molken in größeren Mengen zur Verfügung stehen, diese in Menge von 2—4 l pro Tier und Tag auf den Dünger zu schütten; aus den an Kohlenhydraten reichen Molken wird kräftig Milchsäure gebildet, wodurch ebenfalls die Flüchtigkeit des Ammoniaks herabgedrückt wird.

Ein zweiter Umstand, welcher die Überlegenheit der getrennten Aufbewahrung von Kot und Harn bewirkt, ist der, daß beim Zusammenbringen die großen Mengen leicht assimilierbaren Harnstoff- bzw. Ammoniakstickstoffs des Harns mit dem großen Kohlenstoffreichtum des Einstreumittels, wozu ja in der Hauptsache Stroh verwendet wird, zusammentreffen. Hierdurch setzt eine intensive Assimilation dieses löslichen Stickstoffs durch Mikroorganismen ein zu verhältnismäßig schwer aufschließbarer Mikroorganismensubstanz, so daß dieser Stickstoff damit einer schnellen Wirkung auf dem Felde entzogen ist und gleichzeitig viel tätige Mikroorganismen, namentlich Pilze, in den Boden gebracht werden, welche dort weiter eine Festlegung bewirken können. Wir werden die Bedeutung dieser Tatsache noch weiter kennen lernen.

Nun ist es in der Praxis meist üblich, Harn und Kot nicht getrennt, sondern zusammen aufzubewahren; wir haben soeben die Gründe kennen gelernt, weshalb das nicht zweckmäßig ist. Hierbei kommen nun 2 Typen der Aufbewahrung in Betracht, der Tiefstall und der Flachstall; wir wollen zusehen, welche

1. Stickstoffverlust in % des Gesamtstickstoffs.

Tiefstall	Überdeckter Flachstall	Offener Flachstall
13,2	36,9	37,4

2. Veränderungen der Stickstoffformen bei getrennter und bei gemeinsamer Aufbewahrung von Kot und Harn in % des Gesamtstickstoffs.

	Kot + Streu			Kot + Streu + Harn		
	Organischer N		NH_3—N	Organischer N		NH_3—N
	unlöslich	löslich		unlöslich	löslich	
frisch . . .	85,6	6,8	7,7	48,4	16,4	34,2
gerottet .	80,0	9,0	11,0	64,8	8,9	26,4

3. Stickstoffformen in Flach- und Tiefstall in % des Gesamtstickstoffs.

	Eiweiss-N	Löslicher N	Davon NH_3-N	Salpeter-N	Amid-N
Tiefstall . . .	65,1	34,9	23.9	1,9	9,1
Flachstall .	77,9	22,1	10,1	4,3	7,7

Behandlungsweise besser geeignet ist. Sie unterscheiden sich dadurch, daß beim Tiefstall der Dünger „fest und feucht“, wie eine alte praktische Regel besagt, in tiefer Schicht, also unter anaëroben Verhältnissen, aufeinander gepackt wird, wobei das Festtreten durch die Tiere selbst besorgt wird, während beim Flachstall eine flache lockere, also mehr aërobe, Lagerung vorgenommen wird. Nun ist nach dem oben über den Wert der getrennten Aufbewahrung von Kot und Harn Gesagten schon klar, daß der Tiefstall die weitaus zweckmäßigere Aufbewahrung darstellt, wie die folgenden Übersichten noch zeigen mögen. Denn beim Tiefstall muß wegen der anaëroben Lagerung einmal die Gefahr der Ammoniakverflüchtigung erheblich geringer sein als beim Flachstall, wie die Übersicht unter 1 zeigt. Es geht daraus auch hervor, daß dieser Verlust nicht etwa auf Auswaschung durch Regen beruht: denn eine Überdeckung hatte keinen Einfluß; es handelt sich also tatsächlich um Ammoniakverluste durch Verflüchtigung. Unter den anaëroben Verhältnissen wird es aber weiterhin nicht zu einer Festlegung des Stickstoffs (vgl. S. 60) kommen können, sondern zu einer Vergärung der die Festlegung bedingenden Kohlenstoffverbindungen.

Zum andern aber wird, im Gegensatz zu den anaëroben Verhältnissen des Tiefstalls unter den aëroben Verhältnissen des Flachstalls eine intensive Assimilation des löslichen Stickstoffs durch aërobe Mikroorganismen, namentlich Pilze, eine Festlegung also, eintreten, wie die Übersicht unter 3 zeigt: Der lösliche Stickstoff nimmt im Flachstall erheblich ab, der Eiweißstickstoff steigt, wodurch, wie schon oben betont wurde, die sofortige Stickstoffwirkung auf dem Felde erheblich beeinträchtigt wird. Die Übersicht unter 2 zeigt endlich noch die intensive Festlegung des löslichen Stickstoffs beim Zusammenbringen von Harn mit Kot und Streu gegenüber der getrennten Aufbewahrung dieser Stoffe aus den oben angeführten Gründen.

XIV. Kreislauf des Stickstoffs (Fortsetzung).

Ammoniakbildung, Fortsetzung [Behandlung und Wirkung des Stalldüngers, Fortsetzung (Wirkung im Boden, Prinzip der Stalldüngerbehandlung), Heißmist, künstlicher Stalldünger, Gründünger].

Ein schönes Beispiel für diese schädigende Wirkung der Festlegung des löslichen Stickstoffs zu Mikroorganismeneiweiß geben noch Zahlen von Bierema, wonach in Erde, die mit Mikroorganismen (Pilzen) als Stickstoffquelle versetzt war, innerhalb von 2 Monaten 20—40% des Stickstoffs in Nitrat umgewandelt war, wenn die Pilze vor dem Stadium der Sporenbildung verwendet wurden, dagegen nur 4—8% in derselben Zeit, wenn sporenreiche Pilzmasse der Erde zugegeben wurde, die sich in diesem Falle durch Auskeimen der Sporen stark vermehren konnte. Man sieht also, wie die Mineralisation des Stickstoffs ganz von dem biologischen Zustand des Materials abhängig ist. Und es ist sicher, daß die so verschiedene Wirkung des Stalldüngers, die man in der Praxis beobachten kann, zum großen Teil von seinem verschiedenen biologischen Zustand abhängig ist, den man noch nicht nach Belieben in der Hand hat.

Man muß dabei berücksichtigen, daß schon die frische Kotmasse zum großen Teil aus Mikroorganismensubstanz besteht: 100 g Kottrockensubstanz enthält 2—3 g Stickstoff und besteht zu 10—20% aus Bakterienmasse mit einem Gehalt von 10% Stickstoff = 1—2 g Stickstoff auf 100 g Trockensubstanz in Form von Bakterienmasse. Es besteht somit über die Hälfte des im Kot vorhandenen Stickstoffs aus solchem, der in Mikroorganismensubstanz festgelegt ist.

Es sei noch darauf hingewiesen, daß mit einer Stallmistgabe von 400 dz je ha etwa 500—1000 kg Bakterienmasse in den Erdboden gelangen, also etwa eben so viel, wie im Boden vorhanden ist (S. 8). Eine besondere Beeinflussung des Bodens dadurch wird man jedoch auf die Dauer nicht erwarten können, da die Vermehrung dieser Mikroorganismen ja durch das Vorhandensein organischer Substanz begrenzt ist, bei deren Erschöpfung diese zum größten Teil wieder absterben, womit sich der natürliche Zustand des Bodens in Hinsicht auf seine Mikroflora wieder einstellt. Auf diesen Punkt wurde auf S. 13 bereits hingewiesen.

Danach besteht also das Prinzip der Stallmistbehandlung darin, die weitere Festlegung des Stickstoffs zu Mikroorganismensubstanz zu unterdrücken, was gewährleistet wird durch eine anaërobe Lagerung; dabei kommt noch weiter hinzu, daß, wie schon an anderer Stelle (S. 35) auseinandergesetzt wurde, ein Teil der Kohlenstoffverbindungen, und gerade die leicht assimilierbaren, zerstört werden und so für die spätere Festlegung des Stickstoffs ausscheiden. Das Kohlenstoff/Stickstoff-Verhältnis, das im frischen Dünger etwa 40:1 beträgt, ist dann auf 20:1 oder noch tiefer gesunken, so daß im Boden eine Mineralisation leicht vor sich gehen kann. Andererseits tritt während der Düngerrotte, wie man aus der obigen Übersicht ersehen kann, bereits eine, wenn auch noch ziemlich geringe, Mineralisation des unlöslichen Stickstoffs ein. Es ist dabei sehr vorteilhaft, daß diese nicht höher ist, da auf diese Weise Ammoniakverlusten vorgebeugt wird.

Aber auch trotz der Vorbehandlung kommt der Stickstoff des Stalldüngers nach der Einbringung in den Erdboden nicht sofort zur Wirkung. Man fand z. B.

im 1.	2.	3.	4. Jahr nach der Unterbringung
43,0	27,8	16,6	12,6% der Gesamtausnutzung

des im Stalldünger zugeführten Stickstoffs durch die Ernte. Etwas niedriger dürften sich jedoch solche Zahlen auf dem Felde noch stellen, da ein Teil des Stalldüngerstickstoffs auch in die sehr feste Bindung des Stickstoffs der Humussubstanzen übergeht. Das tritt in der Nachwirkung des Stalldüngers hervor, die sich allerdings bei einmaliger Anwendung in engen Grenzen hält, aber bei dauernder Anwendung schließlich doch merklich noch auf längere Jahre sich erstreckt. Diese allmähliche Anreicherung an Humusstickstoff ist ein sehr wesentlicher Vorzug der Anwendung natürlicher organischer Düngemittel gegenüber der einseitigen Anwendung von nur Kunstdüngern. Die organischen Düngemittel sind also geeignet, die „alte Kraft" des Bodens, wie die Praxis sich ausdrückt, aufrecht zu erhalten.

Diese Nachwirkung des Stalldüngers tritt besonders deutlich in dem folgenden Beispiel von Versuchen in Rothamstedt hervor (nach Römer); es handelt sich um einen Daueranbauversuch von Gerste; die Zahlen bedeuten dz je 1 Jahr und 1 ha Gesamternte (Korn + Stroh), jeweils im Durchschnitt von 10 Jahren:

<table>
<tr><th></th><th>1852/61</th><th>62/71</th><th>72/81</th><th>82/91</th><th>92/1901</th><th>02/11</th><th>12/21</th><th>22/26</th></tr>
<tr><td>1. Stallmist . . .</td><td rowspan="2">57,6</td><td rowspan="2">65,3</td><td>64,8</td><td>62,4</td><td>61,3</td><td>63,6</td><td>46,9</td><td>42,7</td></tr>
<tr><td>2. 1852—71 Stallmist, dann ungedüngt . . .</td><td>41,6</td><td>32,4</td><td>27,6</td><td>26,1</td><td>23,4</td><td>17,0</td></tr>
<tr><td>3. Ungedüngt . .</td><td>28,9</td><td>22,3</td><td>16,1</td><td>15,3</td><td>13,7</td><td>12,8</td><td>13,0</td><td>11,3</td></tr>
</table>

Die oberste Reihe erhielt dauernd Stalldünger, die zweite von 1852—1871, die dritte blieb dauernd ungedüngt. Beim Vergleich von Reihe 2 mit 1 sieht man die starke Stalldüngerwirkung, beim Vergleich von Reihe 3 mit 2 sieht man die kräftige Nachwirkung. Selbst wenn man bei diesem letzten Vergleich die Stalldüngergabe ausschalten würde und außerdem noch das 3. Jahrzehnt, um auch die unmittelbare Nachwirkung noch auszuschalten, wenn man also 82/91 der 2. Reihe mit 52/61 der dritten Reihe vergleichen würde usw. bis zum Vergleich 22/26 der Reihe 2 mit 92/01 der Reihe 3, so würde diese Nachwirkung immer noch deutlich genug in Erscheinung treten.

In neuerer Zeit hat man noch ein anderes Verfahren herausgebracht, das, soweit sich bisher beurteilen läßt, gute Ergebnisse zeitigt: die Heißmistvergärung nach KRANTZ. Man packt dabei den frischen Dünger in Gruben fest aufeinander, wodurch man eine, unter Erhitzung auf 60—65° C (infolge der Entwicklung der Mikroorganismen) verlaufende schnelle Vergärung bei schließlich weitgehender Abtötung der Mikroorganismen, wenn die Temperatur hoch genug gestiegen ist, erzielt. Die folgenden Zahlen nach RUSCHMANN zeigen die verschiedene Keimzahl der Düngerarten, je 1 g frischen Mist in Millionen:

Dünger-Behandlung	Temperatur bei der Gärung	Aëroben	Anaëroben
Heißmist 1—2 m Stapeltiefe	60—65° C	7,5	0,5
„ 4—5 m „	60—65° C	1,1	0,75
Hofmist warm vergoren . .	45° C	68,5	3,8
„ kalt vergoren . . .	ohne wesentliche Erhöhung	63,0	18,0

Die abgetöteten Mikroorganismenleiber des Heißmistes können dann im Boden schnell zersetzt werden. Die leicht löslichen Kohlenstoffverbindungen, die später zu einer mikrobiologischen Festlegung des Stickstoffs führen würden, werden schnell und energisch abgebaut, die anaërobe Lagerung verhindert weiter die Festlegung und auch Ammoniakverluste. Der Hauptvorteil dieser Methode scheint aber der zu sein, daß man auf diese Weise hoffen kann, zu einem einigermaßen gleichmäßigen Produkt zu gelangen, dessen Wirkung auf dem Felde also auch gleichmäßiger sein wird, so daß man sie leichter auf die gewünschte Ertragsteigerung auskalkulieren kann, was bei dem nach dem alten Verfahren gewonnenen Stalldünger keineswegs der Fall ist.

Hingewiesen sei noch auf die Gülle. Der u. U. mit wenig Einstreu vermischte Kot und Harn wird hierbei mit Wasser verrührt und in flüssigem Zustand auf das Feld gebracht. Es handelt sich um ein namentlich für Grünland geeignetes Verfahren, da hier ein gleichmäßiges Aufstreuen des normalen Düngers nicht möglich ist, ebensowenig natürlich eine Unterbringung in den Boden. Besondere mikrobiologische Vorgänge sind nicht zu bemerken.

Von großer Wichtigkeit, namentlich für viehlose, bzw. vieharme Wirtschaften, denen es an genügenden Mengen von Stalldünger fehlt, dürfte aber die künstliche Herstellung von Stalldünger werden, wenn sich auch hier noch nichts Abschließendes sagen läßt. Das Prinzip ist dies, daß man aus einem stickstoffarmen Material, meist Stroh, ein stickstoffreiches von annähernd gleicher Zusammensetzung herstellt, wie sie der Stalldünger besitzt. Das geschieht durch Hinzufügen von anorganischem Stickstoff, vielleicht auch noch von Phosphorsäure, Kalium und Kalk zu dem Stroh. Es beginnt eine intensive Entwicklung von Mikroorganismen, die den anorganischen Stickstoff in organische Bindung überführen und gleichzeitig einen Teil der Kohlenstoffverbindungen veratmen. Nach einer gewissen Zeit der Gärung ergibt sich ein dem Stalldünger ähnliches Produkt, der ja, wie wir gesehen haben, ebenfalls in der Hauptsache aus Mikroorganismenleibern besteht. Das Kohlenstoff/Stickstoff-Verhältnis ist stark verringert infolge der Atmung der Mikroorganismen eine Festlegung von Stickstoff kann somit bei Unterbringung des Produktes nicht mehr eintreten, sondern dieser kann mineralisiert werden. Würde man das Stroh in frischem Zustande mit dem anorganischen Stickstoff auf das Feld bringen, so würde man die schon S. 31 besprochene Ertragsdepression infolge Festlegung des Stickstoffs bekommen, oder aber man müßte von vornherein mit dem Stroh so viel anorganischen Stickstoff in den Boden bringen, daß die Mikroorganismen ihn nicht ganz festlegen können, was aber erheblich umständlicher und teurer wäre als die Vorbehandlung zu künstlichem Dünger.

Ein weiteres natürliches stickstoffhaltiges Düngemittel ist die Gründüngung, auf die wir in anderem Zusammenhang noch zurückkommen werden (S. 121). Was die Zersetzung der grün untergepflügten Massen betrifft, so vollzieht sich diese relativ schnell. Das ist möglich, weil es sich um junges Pflanzenmaterial handelt. Bei der Pflanze nimmt der prozentische Stickstoffgehalt mit fortschreitendem Alter derselben ab infolge der später vorwiegenden Ausbildung von (stickstofffreien) Zellwandbestandteilen. Das Kohlenstoff/Stickstoff-Verhältnis wird also mit dem Alter weiter. Nach dem oben Angeführten ist es nun klar, daß nur in jungem Material eine Zersetzung der in der Pflanze aufgespeicherten Eiweißstoffe in kürzerer Zeit eintreten kann, da bei älteren Pflanzen das weite Kohlenstoff/Stickstoff-Verhältnis so wirken würde, als ob wir Stroh in den Boden bringen würden; es würde eine Erntedepression eintreten infolge der Festlegung des Bodenstickstoffs.

Es wird also nach dem Alter der Pflanze, ferner Boden- und Pflanzenart usw. die Wirkung der Gründüngung ganz verschieden sein. Löhnis fand z. B. im ersten Jahr nach Gründüngung eine Schwankung in der Ausnützung des Gründüngungsstickstoffs auf armem Boden von 0—32, auf gutem Boden von 33—70%. Im Mittel aller Versuche fand er:

Ausnützung des Gründüngungsstickstoffs in % durch die Ernte vom Jahre

	1	2	3	4	5	6	7	8	9	10
Boden arm . .	16	20	34	40	45	48	52	53	54,5	55
Boden gut. . .	50	55	65	70	75	78	80	—	—	—

Man sieht hier einmal, wie verschieden die Ausnützung auf verschiedenen Böden sein kann, sodann aber auch, eine wie nachhaltige Wirkung selbst eine einmalige Gründüngung haben kann.

XV. Kreislauf des Stickstoffs (Fortsetzung).

Verhältnis zwischen Ammoniak- und Nitratbildung im Erdboden (Bedingungen, Notwendigkeit der Nitratbildung). Nitratbildung (Morphologie und Physiologie der Bakterien).

Im normalen, neutral reagierenden Ackerboden wird Ammoniak sofort weiter zu Nitrat verarbeitet, sodaß es jedenfalls dem Nitrat gegenüber zurücktritt; wo es vorkommt, beträgt seine Menge zwischen 0—10 mg je 100 g Erde (s. Tab. S. 79), bewegt sich also in der Größenordnung der Nitratzahlen. Nitrit dagegen, das als Zwischenprodukt der Nitratbildung anzusehen ist, ist im normalen Ackerboden überhaupt nicht nachzuweisen. Überwiegen von Ammoniak sowie Auftreten von Nitrit ist, abgesehen von dem Einfluß der gleich zu besprechenden Bodenreaktion, nur dort der Fall, wo die Oxydation nicht oder nicht vollständig erfolgen kann, z. B. in Abwässern (s. S. 141) oder auch auf Rieselfeldern (S. 143), wenn die großen Massen nicht genügend verarbeitet werden können. Auftreten von viel Ammoniak und vor allem von Nitrit ist daher bis zu einem gewissen Grade ein Zeichen einer nicht genügenden biologischen Reinigung, eines unvollständigen Kreislaufes. Das etwa vorhandene Nitrit ist hier jedoch durch Nitratreduktion (S. 89) entstanden, ohne daß es wieder zurück oxydiert wird.

Die Nitratbildung ist aber auch dann gehemmt, wenn sonstige äußere Bedingungen ungünstig sind. Im allgemeinen kann man das Verhältnis von Nitrat- und Ammoniakanhäufung im Boden so charakterisieren, daß die Nitratbildung „empfindlicher“ ist als die Ammoniakbildung. Es ist das ja eigentlich selbstverständlich. Denn da der Nitratbildung unter allen Umständen die Ammoniakbildung vorhergehen muß, wie wir noch sehen werden, so kann die Nitratbildung sich keineswegs in einem weiteren Rahmen abspielen als die Ammoniakbildung; sie kann sich höchstens in gleichen Grenzen bewegen wie jene, bleibt aber, wie die Beobachtungen zeigen, in engeren. In der Natur werden Reaktion und Durchlüftung die die beiden Vorgänge trennenden Faktoren sein. Das folgende Beispiel zeigt das mit aller Deutlichkeit:

mg NH_3- bzw. N_2O_5-Stickstoff in 100 g trockenem Boden bei verschiedenen Bedingungen:

Nach Tagen	Normal		+ Kalk		Feuchtigkeit unteroptimal		Feuchtigkeit überoptimal	
	NH_3	N_2O_5	NH_3	N_2O_5	NH_3	N_2O_5	NH_3	N_2O_5
62	0,8	0	8,2	0	0,7	0	0,8	0
118	1,8	0	3,2	5,8	1,1	0	1,5	0
181	2,3	0	0,3	12,1	1,5	0	2,7	0
237	2,9	0	0,4	11,2	1,6	0	2,9	0
293	4,7	0	0,7	13,3	2,2	0	4,3	0
	p_H 5,2		p_H 7,35		p_H 4,8		p_H 5,7	

Man sieht also, daß sich Ammoniakbildung noch bei einer sauren Reaktion vollzieht, bei der die Nitratbildung absolut gehemmt ist; erst bei Abstumpfung der Säure kommt diese in Gang. Ferner zeigt sich, daß die Ammoniakbildung gegen überoptimale Feuchtigkeit unempfindlicher ist als die Nitratbildung, d. h. in diesem Falle wohl gegen eine schlechtere Durchlüftung, da man in vielen anderen Fällen bei einem ähnlichen p_H noch Nitratbildung festgestellt hat.

Wenn wir nun zusehen, wie sich das Ammoniak/Nitratverhältnis in den natürlichen Böden gestaltet, so kann man, wie die Übersicht S. 79 zeigt, deutlich die Abhängigkeit von der Wasserstoffionen-Konzentration erkennen: Je saurer ein Boden ist, um so geringer ist die verhältnismäßige Menge des Nitrates im Vergleich zum Ammoniak; in ganz sauren Böden fehlt Nitrat so gut wie völlig. Im übrigen kommt es nicht so sehr auf die je nach dem Boden schwankende absolute Menge als auf das Verhältnis zum Ammoniak an. Leider fehlen in den meisten Fällen genaue p_H-Messungen oder es ist nur Nitrat oder nur Ammoniak bestimmt, so daß diese Beziehungen erst andeutungsweise zu erkennen sind.

Eine sehr wesentliche Frage ist nun die, ob der Übergang des Ammoniaks in Nitrat in der Natur einen notwendigen Vorgang darstellt oder auch, ohne Schaden für die Pflanzenwelt, unterbleiben kann. Daß die Notwendigkeit nicht allgemein gilt, zeigen einige Überlegungen. Zunächst wird klar sein, daß die mit Knöllchen arbeitenden Leguminosen den Stickstoff natürlich nicht als Nitrat aufnehmen, ebensowenig auch die mit Mycorrhiza arbeitenden Pflanzen. Endlich hat die folgende Übersicht gezeigt, daß es saure Naturböden in genügender Anzahl gibt, in denen Nitrat fehlt oder so dem Ammoniak gegenüber zurücktritt, daß auch hier von einer Nitraternährung nicht wohl die Rede sein kann.

Boden	mg Stickstoff je 100 g Boden als Ammoniak	mg Stickstoff je 100 g Boden als Nitrat	p_H
Sandboden	1,25	4,46	—
Lehmboden	2,10	7,86	—
Moostorf (sauer)	6,4	Spur	sauer
Heidehumus (sauer)	4,4	,,	,,
Niederungsmoor (neutral)	Spur	6,6	neutral
Finnische Waldböden	2,1—4,4	0—0,12	3,6—4,6
,, ,,	4,0—4,9	0,04—1,7	5,0—5,2
Boden Nantzen (Untergrund)	0,42	0,21	4,7
,, ,,	1,79	1,24	4,9
,, Dollheim	0,98	2,52	5,8
,, Seerappen	0,44	1,49	7,6

In der Tat haben neuere Untersuchungen gezeigt, daß die höheren Pflanzen Nitrat oder Ammoniak aufnehmen, je nach der Reaktion des Substrates. Bei schwach saurer Reaktion wird Ammoniak bevorzugt aufgenommen, bei alkalischer oder stark saurer dagegen Nitrat. Ähnlich verhalten sich Mikroorganismen, soweit sie beide N-Quellen verwerten können. Und ferner hat sich gezeigt, daß Pflanzen, die auf saurem Substrat gut gedeihen, eben eine Vorliebe für Ammoniak haben, z. B. der Reis, der Buchweizen, die Kartoffel, der Hafer usw. Man wird annehmen können, daß enge Beziehungen zwischen den ökologischen Bedingungen und der Art der Stickstoffaufnahme bestehen: Denn Böden von mehr saurer Reaktion sind, wie gezeigt wurde, Ammoniakböden, und bei schwach saurer Reaktion wird auch Ammoniak bevorzugt aufgenommen. Man kann das zur Zeit jedoch erst in großen Zügen erkennen; eine weitgehende Durchdringung der Zusammenhänge ist aber noch nicht möglich. Jedenfalls wird es sich um andere Gesichtspunkte handeln, ob wir einen Naturboden oder einen Kulturboden betrachten. Auf diese Frage werden wir im weiteren Zusammenhang noch zurückkommen und beschäftigen uns zunächst nur mit den Vorgängen im Kulturboden.

Hier vollzieht sich normalerweise die Nitratbildung unter den unten besprochenen äußeren Bedingungen gewissermaßen zwangsmäßig; sie ist jedoch auch hier nicht unbedingt notwendig. Zahlreiche Versuche haben allerdings gezeigt, daß bei einer vergleichenden Düngung mit Nitrat oder Ammoniak das Wertverhältnis beider Stickstoffformen etwa 10:9 ist. Es ist daraus jedoch nicht der Schluß zu ziehen, daß Ammoniak schlechter wirke, sondern dieser Unterschied kommt lediglich daher, daß Ammoniak im Boden sowohl biologisch, als bessere Stickstoffquelle für viele Mikroorganismen, als auch chemisch-physikalisch, weil es erheblich stärker adsorbiert wird, intensiver festgelegt bzw. festgehalten wird als das Nitrat.

Man hat denn auch festgestellt, daß Ammoniakstickstoff, auch ohne Überführung in Nitrat, eine diesem völlig gleichwertige Stickstoffquelle für unsere Kulturpflanzen darstellt, wie folgender Versuch (Gefäßversuch in einem Sand-Lehm-Gemisch) nach KRÜGER zeigt.

Stickstoffgabe je Gefäß	Steril	Nicht steril	
0,5 g Ammoniak-N	26,2	22,4	g Trockensubstanz je Gefäß
0 5 g Nitrat-N	26,9	23,5	
Stickstoff als Ammoniak-N	0,21	1,93	g Nitrat-Stickstoff je Gefäß bei 2,0 g Stickstoff
Nitrat-N	1,99	2,27	

Man sieht nach Ausweis des oberen Teiles der Übersicht, daß mit Nitrat- und Ammoniakstickstoff gleich hohe Ernten erzielt wurden (Senf als Versuchspflanze); der untere Teil der Übersicht zeigt weiter, daß unter diesen Versuchsbedingungen in der Tat keine Nitratbildung in den durch Sterilisation von Nitratbildnern befreiten Gefäßen eingetreten war (die geringen Mengen von 0,21 g in den sterilen Ammoniakgefäßen entsprechen dem natürlichen Nitratgehalt des verwendeten Bodengemisches) im Gegensatz zu der in den nicht sterilen Gefäßen erfolgten Nitratbildung.

Somit müßten wir feststellen, daß die Nitratbildung aus Ammoniak im Boden zwar im biologischen Kreislauf nicht unbedingt notwendig ist, aber doch eine natürliche Folge des aëroben Zustandes eines normalen gut durchlüfteten Ackerbodens ist, somit also wenigstens den allgemein günstigen biologischen Zustand eines solchen Bodens, als Folge der günstigen physikalischen Beschaffenheit, andeutet. Es ist aber immer dabei zu beachten, daß dies eben nur für die normalen Kulturböden gilt. Natürliche Wald-, Moor- usw.-Böden dagegen, wie angedeutet, von anderen Gesichtspunkten aus zu beurteilen sind. Daß hierbei die Nitratbildung nicht als die von menschlichem Nützlichkeitsstandpunkt aus günstigste Form des Stickstoffs zu betrachten ist, ergibt sich daraus, daß Nitrat viel leichter als Ammoniak im Boden in Verlust geraten kann, sei es infolge Auswaschung (da es nicht so stark von kolloidalen Bodenbestandteilen adsorbiert wird), sei es infolge der möglichen Zerstörung auf dem Wege der Denitrifikation (S. 89 ff.).

Chemisch und biologisch vollzieht sich die Nitratbildung, Nitrifikation, in 2 Stufen über Nitrit:

$$NH_3 + 3\,O = HNO_2 + H_2O + 78{,}3 \text{ Kal.}$$
$$HNO_2 + O = HNO_3 + 21{,}8 \text{ Kal.}$$

Nachdem man schon verhältnismäßig frühzeitig erkannt hatte, daß die Nitratbildung im Boden ein rein biologischer Vorgang ist, der in erhitztem Boden ausbleibt, gelang es WINOGRADSKY im Jahre 1890, die Bakterien in Reinkultur zu ziehen und ihren Stoffwechsel aufzuklären. Die erste Etappe wird durchgeführt von den Nitritbildnern, deren Hauptart Nitrosomonas europaea ein 1:1,5 μ messendes ovales Kurzstäbchen ohne Endosporenbildung darstellt und das im Schwärmerstadium 1 polare Geißel trägt; es ist in der ganzen Welt verbreitet. Aus Boden von Java hat WINOGRADSKY die Art N. javanensis mit sehr langer, die Körperlänge um das 30fache übertreffenden Geißel isoliert, ferner aus russischen und amerikanischen Böden eine größere Kokkenform Nitrosococcus (bis zu 2 μ Durchmesser). Auf andere Formen, die möglicherweise in Betracht kommen, wird unten noch kurz hingewiesen werden. In Kultur bilden sie kleine schleimige, an den Bodensatzpartikelchen der Nährlösung sitzende Kolonien aus denen die lebhaft in der Flüssigkeit umherschwärmenden eigentlichen Arbeitsformen hervorgehen.

Die zweite Etappe wird durchgeführt durch den Nitratbildner, ein kleines, nur 1 μ langes, 0,3—0,4 μ dickes, unbewegliches Stäbchen, das ebenfalls keine Endosporen bildet. Aus Erdproben der ganzen Welt wurde bislang nur diese eine Form isoliert. Doch hat kürzlich NELSON eine durch eine lange polare Geißel ausgezeichnete Form, Nitrobacter agilis, aufgefunden.

Die obige Formel der Nitratbildung aus Ammoniak zeigt, daß der Vorgang in beiden Stufen unter erheblichem Energiegewinn verläuft. Diese Energie benutzen die Bakterien zur Reduktion der Kohlensäure, sie leben also autotroph. Gegen organische Stoffe sind sie z. T. außerordentlich empfindlich; das war auch der Grund, weshalb ihre Züchtung erst verhältnismäßig spät gelang, obwohl der Vorgang schon erheblich länger bekannt war. Eine zur Kultur geeignete Nährlösung besteht aus 0,1% Ammoniumsulfat (für den Nitritbildner, bzw. Natriumnitrit für den Nitratbildner), 0,1% Kaliumphosphat und 0,5 bis 1,0% Magnesiumcarbonat zur Abstumpfung der gebildeten Salpeter-, bzw. salpetrigen Säure. Als Kohlenstoffquelle dient die Kohlensäure der Luft, bzw. die bei der Säurebildung aus dem Carbonat frei werdende CO_2; in Carbonaten gebundene Kohlensäure kann nicht verarbeitet werden. Auf festem Substrat züchtet man die Bakterien auf (zur Entfernung der organischen Stoffe) gut ausgewaschenem oder ausgefaultem Agar, auf Kieselsäureplatten, Gipsblöcken und dergleichen.

Bei Flüssigkeitskulturen ist es sehr wesentlich, eine möglichst große Oberfläche zu wählen, da sonst die für den Oxydationsvorgang notwendige Versorgung mit Sauerstoff zu ungünstig wird. Löhnis-Green fanden bei Variieren des Verhältnisses der Oberfläche zur Tiefe der Flüssigkeit folgende Werte:

Durchmesser/Tiefe . .	90/1	20/1	6/1	1/1
mg Nitrat-Stickstoff .	10,2	10,2	5,4	0,3

Die Abstumpfung der Säure, die übrigens auch durch eine ganze Reihe sonstiger Carbonate, selbst durch Schwermetallcarbonate, erfolgen kann, ist nicht nur wegen der entstehenden Salpeter-, bzw. salpetrigen Säure nötig, sondern auch noch, weil bei den Nitritbildnern in der Nährlösung nicht freies Ammoniak, sondern ein Salz, Ammoniumsulfat oder Chlorid oder Phosphat verwendet wird. Hierbei wird aber der Säurerest ebenfalls in Freiheit gesetzt und muß neutralisiert werden. Gegen saure Reaktion sind die Bakterien jedenfalls sehr empfindlich. Gaarder-Hagem fanden folgende Grenzwerte:

	Minimum	Optimum	Maximum bei p_H
Nitritbildner	7,0	7,8	8,6
Nitratbildner.	6,5	7,1	7,8

In natürlich sauren Böden hat man jedoch gelegentlich Nitrat festgestellt. Ob das auf das Vorkommen säureresistenter Formen zurückzuführen ist, wie man annehmen wollte, sei dahingestellt. Jedenfalls läßt sich diese Tatsache auch durch Inhomogenitäten in dem Boden, Unterschiede auf kleinstem Raum in der Acidität, erklären. Denn die p_H-Bestimmung gibt nur einen Durchschnittswert einer im Verhältnis zur Kleinheit der Bakterien sehr großen Durchschnittsprobe.

XVI. Kreislauf des Stickstoffs (Fortsetzung).

Nitratbildung, Fortsetzung [Einfluß organischer Stoffe, Größe des Umsatzes, nitrifizierende Kraft des Bodens (Bedeutung der Reaktion, des Wassergehaltes, der Temperatur, der Jahreszeit), Geschichtliches über Salpeter].

Ob auch aus anderem als anorganisch gebundenem Ammoniak Nitrat gebildet werden kann, ist zur Zeit noch ungewiss; es finden sich allerdings einige Angaben, die behaupten, daß es Bakterien gäbe, die Nitrate direkt z. B. aus Pepton bilden sollen, die also einen Vorgang durchführen würden, zu dem sonst mindestens 3 verschiedene Bakterien gehören, nämlich ein Ammoniakbildner, der Nitrit- und der Nitratbildner. Diese Angaben sind aber noch unsicher. Dabei ist zu berücksichtigen, daß nach BORESCH auch durch rein chemische Oxydation von Ammoniak oder Nitrit Spuren von Nitrat gebildet werden können unter der katalytischen Wirkung von Eisenverbindungen. Wenn dann qualitativ auf Nitrat geprüft wird, kann eine Nitratbildung vorgetäuscht werden.

Die schon erwähnte Empfindlichkeit gegen organische Stoffe ist z. T. recht groß, wie folgende Übersicht veranschaulicht:

	Grenzwert der Hemmung für den	
	Nitritbildner	Nitratbildner
Bei Glucose	0,025—0,5	0,5%
Pepton	0,025	0,8%
Asparagin	0,025	0,005%
Na-Acetat	0,5	1,5%
Fleischbrühe	10,0	10,0%

Die Empfindlichkeit ist also sehr verschieden; man weiß aber noch nicht, worauf sie zurückzuführen ist. Es hat sich nämlich herausgestellt, daß die Bakterien auch heterotroph zu leben vermögen. Jedenfalls zeigt sich ja in der Natur, daß sie auch in einem an organischen Stoffen sehr reichen Medium, wie z. B. Komposterde, ihre Tätigkeit ausüben können. Sehr bemerkenswert ist in dieser Hinsicht ein Versuch von WRIGHT, aus dem hervorgeht, daß frischer Dünger die Nitratbildung hemmt, verrotteter Dünger dagegen fördert. Offenbar sind in diesem die im frischen Dünger vorhandenen hemmenden Stoffe zerstört.

mg Nitrat-N je 1 g Erde gebildet nach Wochen bei Zusatz von	2 Wochen	11 Wochen
frischem Dünger 2%	0,039	0,675
„ „ 5%	0,014	0,460
verrottetem Dünger 2%	0,035	0,734
„ „ 5%	0,093	0,755

Noch ein weiterer Umstand ist sehr bemerkenswert, nämlich die große Empfindlichkeit des Nitratbildners gegen freies Ammoniak, das noch in einer Konzentration von 0,0005% seine Entwicklung hemmt. Das ist eine noch höhere Empfindlichkeit als sie etwa einem so starken Bakteriengift wie Sublimat gegenüber besteht. Indessen besteht diese Empfindlichkeit nur für die sich entwickelnde, nicht für die erwachsene Zelle. Da wir im Erdboden mit einem festen Stamm von Bakterien, z. T. sicher in Form von an Erdteilchen sitzenden Kolonien zu rechnen haben, so wird also für diesen die außerordentliche Empfindlichkeit dem Ammoniak gegenüber nicht gelten.

Ein gleiches ist der Fall bei der Empfindlichkeit organischen Stoffen gegenüber: Auch hier besteht eine solche bei der erwachsenen Zelle nicht; diese vermag nach NELSON sogar noch bei 4% Glucose die Oxydation von Nitrit (es handelt sich um den oben erwähnten beweglichen Nitratbildner) durchzuführen. Aus diesen Beobachtungen heraus ist also verständlich, daß unter natürlichen Bedingungen nicht so leicht Hemmungen der Nitratbildung eintreten können, zumal auch, wie oben erwähnt, die Empfindlichkeit organischen Stoffen gegenüber auf gewisse, leicht zerstörbare organische Substanzen beschränkt ist.

Im lagernden Stalldünger tritt eine Nitrifikation natürlich nicht ein infolge der anaëroben Verhältnisse; Spuren können sich höchstens an der Oberfläche bilden. Stärkere Nitratbildung ist dagegen immer ein Zeichen unsachgemäßer Lagerung, wie etwa flacher Ausbreitung von sehr altem Dünger.

Von Interesse sind noch die Mengen an Stickstoff, die verarbeitet werden, damit eine bestimmte Menge Kohlensäure reduziert werden kann. WINOGRADSKY hatte für Nitrosomonas das Verhältnis N_2 oxyd./C assimiliert = 35/1 gefunden, für Nitrobacter = 135/1. Neuere Untersuchungen ergeben ganz andere Werte, NELSON gibt für Nitrosomonas das Verhältnis = 14,3/1, ENGEL = 80/1 an; für Nitrobacter fand NELSON es = 76/1. Man sieht, wie wenig Sicheres auch hier noch bekannt ist. Für den Boden sind solche Zahlen wichtig, da aus ihnen der Anteil unserer Bakterien an der Kohlensäurebilanz errechnet werden kann. Es ergibt sich jedoch, daß diese viel zu gering sind als daß sie beim C-Kreislauf irgendwie in Betracht kommen könnten.

Die Fähigkeit eines Bodens, Nitrat zu bilden, bezeichnet man als seine nitrifizierende Kraft. Man bestimmt sie durch Impfen einer kleinen Menge von Boden in eine Ammonsalz-Nährlösung oder durch Versetzen von Erde mit Ammonsalz oder einer organischen Stickstoffverbindung. In beiden Fällen wird das nach einer gewissen Zeit gebildete Nitrat ermittelt.

Was nun die Nitratbildung im Boden betrifft, so wurde die Bedeutung der Reaktion bereits besprochen, daß also in einem stark sauren Boden, z. B. Hochmoor, die Zufuhr von Kalk eine unumgängliche Vorbedingung für das Eintreten der Nitrifikation ist. Hier seien noch einige Ergänzungen gemacht. Das folgende Beispiel ist in mancher Hinsicht interessant. Es zeigt, daß auf einem neutralen Boden die Nitrifikation von Ammoniumsulfat

Zugabe je 5 kg Erde	mg Nitrat-N je 1 kg Erde nach Tagen				
	0	8	14	34	71
40 g Stalldünger	7,2	40,1	41,7	38,4	38,2
2 g Ammoniumsulfat . .	11,4	54,7	69,7	136,5	142,3
neutraler Ackerboden					
	0	8	16	36	97
40 g Stalldünger	1,5	26,1	28,5	40,3	57,0
2 g Ammoniumsulfat . .	1,4	14,0	12,8	37,1	57,9
saurer Ackerboden					

gut vor sich geht, auf einem sauren dagegen gehemmt ist, wie das ja klar ist. Bei Stalldünger ist diese Hemmung auf saurem Boden jedoch nicht vorhanden. Man muß sich das so erklären, daß bei Ammoniumsulfat auf saurem Boden eben Salpetersäure und der Schwefelsäurerest die Reaktion noch ungünstiger werden lassen, während beim Stalldünger einmal der Säurerest wegfällt, sodann das zuerst gebildete Ammoniak die Acidität herabsetzen kann, und schließlich noch im Stalldünger Puffersubstanzen vorhanden sind, die weiterhin einer zu stark sauren Reaktion entgegenwirken. Man sieht also, wie im natürlichen Boden immer eine ganze Reihe von Faktoren wirksam sind, die in Reinkulturversuchen nicht ohne weiteres in Erscheinung treten.

Die Durchlüftung, bzw. das Vorhandensein von Sauerstoff spielt natürlich bei der Nitratbildung eine besonders große Rolle. Allerdings wird auch hier, wie schon bei der Bodenatmung betont wurde, ein Sauerstoffmangel nicht so leicht eintreten können, wie man vermuten möchte. SCHLÖSING fand

bei % Sauerstoff	0	6	11	21
mg Salpetersäure je 1 kg Erde .	— 64	+ 199	+ 222	+ 225

gebildet.

Die Nitratbildung verlief also noch fast quantitativ bei einem Sauerstoffgehalt, der nur den 3,5ten Teil des Normalgehaltes der Luft daran betrug. Im Boden liegen also die Verhältnisse nicht ganz so ungünstig, wie Flüssigkeitskulturen erwarten lassen (S. 82). Ähnliches wird sich noch bei Besprechung der Denitrifikation zeigen (S. 92). Auf die Dauer wird sich allerdings eine schlechtere Sauerstoffversorgung bemerkbar machen müssen. So zeigt sich, daß bearbeiteter Boden sehr viel mehr Nitrat bildet als unbearbeiteter. DEHÉRAIN fand mg Salpetersäure in 100 g Erde:

	bearbeitet mg	nicht bearbeitet mg
bei Boden 1	39—44	2—3
,, ,, 2	46—51	2
,, ,, 3	57—71	2

Eine sehr intensive Nitratbildung findet infolgedessen in der Schwarzbrache statt, auf die S. 125 zurückzukommen sein wird. Infolge besserer Durchlüftung werden in den oberen Bodenschichten auch mehr Nitratbildner vorhanden sein als in tieferen Schichten. MAC BETH-SMITH fanden, wenn Boden aus verschiedener Tiefe mit Ammoniumsulfat versetzt wurde, folgende Zahlen:

Bei 1	2	3	4	5 Fuß Tiefe
9,86	1,09	0,34	0,18	0,13 mg Nitrat-Stickstoff

Immerhin ist zu beachten, daß auch noch weitere Ursachen bei dem geringeren Vorhandensein von Nitratbildnern in tieferen Schichten mitspielen, wie die größere Armut an nitrifizierbaren Verbindungen usw. (vgl. dazu noch S. 12).

Über den Einfluß des Wassergehaltes unterrichtet folgende Übersicht (nach TRAAEN):

Wassergehalt (volle Wasserkapazität 27,4%)	4	5	10	15	17,5	20	25%
Nach 26 Tagen . . .	1,0	0,6	13,6	30,1	36,3	29,2	7,3
,, 66 ,, ...	1,0	0,9	19,1	41,9	40,1	40,5	20,3
,, 100 ,, ...	0,6	0,9	32,9	40,7	41,6	40,4	24,2
	mg Nitrat-Stickstoff in 100 g Erde						

Die Nitratbildung setzt also erst bei etwa $^1/_3$ der Wasserkapazität ein und hat, wie die höheren Pflanzen, ihr Optimum bei etwa $^2/_3$ der Wasserkapazität. Nähert sich der Wassergehalt dem Sättigungspunkt, so geht sie wieder zurück infolge der Verdrängung der Luft; auch kann dann die gleich zu besprechende Denitrifikation etwa vorhandenes Nitrat wieder zerstören.

Die Wirkung der Temperatur zeigt wieder das Bild eines biologischen Vorgangs, nämlich Sistierung bei höheren Temperaturen, während eine chemische Oxydation (bei der S. 83 erwähnten rein chemischen Nitratbildung kann es sich nur um Spuren handeln) dann erst recht kräftig einsetzen müßte (nach von Bazarewski):

bei	7—9	15—18	25—27	30—32	40—42	50° C
waren nach 20 Tagen:	47,6	99,9	150,3	144,5	86,9	10,3 mg HNO_3

je 300 g Boden gebildet.

Auch hier liegt wieder die optimale Temperatur bei etwa 25—30°, dem für die Vorgänge im Boden charakteristischen Optimum.

Im jahreszeitlichen Verlauf der Nitratbildung hat man ebenfalls die schon S. 15 für die Bakterienzahl erwähnten beiden Maxima in Frühjahr und Herbst gefunden. Limbach fand bei Impfung einer Ammoniumsulfat-Nährlösung mit einer gewissen stets dem natürlichen Standort entnommenen Menge Erde folgende Zahlen (mg Nitratstickstoff), die zeigen, daß tatsächlich die

	Absolut	in %		Absolut	in %
16. Februar 1928	1,90	35,8	23. August 1928	2,46	46,4
8. März	2,38	44,9	13. September	**2,93**	**55,3**
29. ,,	**3,17**	**59,9**	4. Oktober	2,63	49,7
19. April	2,84	53,6	25. ,,	2,28	43,0
10. Mai	2,41	45,5	15. November	2,05	38,7
31. ,,	2,28	43,0	6. Dezember	1,97	37,2
21. Juni	2,11	39.7	27. ,,	1,85	34,9
12. Juli	1,88	35,5	17. Januar 1929	1,85	34,9
2. August	1,97	37,2			

Intensität der Nitratbildung in der Natur oder die Anzahl der Nitratbildner rhythmisch zu verlaufen scheint, wobei aber wohl die S. 15 erwähnten äußeren Verhältnisse z. T. ausschlaggebend sein werden. Untersucht man den Nitratgehalt des Bodens zu verschiedenen Jahreszeiten, so wird man ihn natürlich beeinflußt finden durch die Aufnahme des Stickstoffs seitens der Pflanzen usw. In unbearbeiteter Brache (S. 125) findet man eine Anhäufung im Sommer, einen Rückgang im Winter, diesen infolge der Auswaschung.

Es seien noch einige geschichtliche Bemerkungen angeschlossen. Schon bevor man Salpeter als künstliches Düngemittel verwendete, hatte man große Mengen zur Bereitung von Schießpulver notwendig, die man in den sogenannten Salpeterhütten herstellte; besondere Berufszweige (vgl. die Salpeterer bei Scheffel) befaßten sich damit: Es wurde organisches stickstoffhaltiges Material, wie Kehricht, Schlamm, Dünger, Fäkalien usw. mit lockerer Erde und Kalk vermischt und angefeuchtet, u. U. mit Harn. Aus diesen Haufen wurde dann der gebildete Salpeter extrahiert. Ein polnischer Autor kurz vor 1650 preist einen polnischen König, weil er aus den Leichen gefallener Rebellen große Gräber aufschütten ließ, aus denen man wieder Schießpulver zur Bekämpfung der Feinde gewinnen könne. So hat man also empirisch diesen mikrobiologischen Vorgang schon vor langer Zeit kennen gelernt.

Salpeter als Düngemittel wurde vor der synthetischen Herstellung durch die Industrie in der Form des Chilesalpeters (Natriumnitrat) verwendet. Auch für dessen Entstehung hat man biologische, insbesondere auch mikrobiologische Ursachen verantwortlich gemacht. Es gibt hierüber 2 Anschauungen: Nach der einen waren die Lagerstellen früher Meeresboden, nach dessen Hebung ungeheure Tangmassen zurückgeblieben sein sollen, die allmählich zersetzt wurden, wobei das entstehende Ammoniak nitrifiziert wurde. Die andere, einleuchtendere, nimmt an, daß auf den Randhöhen der Mulden, in denen sich die Salpeterlager befinden, große Mengen Guano abgelagert wurden, wie das ja auch heute noch in diesen Gegenden der Fall ist. Diese sollen dann allmählich nitrifiziert, der Salpeter durch Niederschläge in die Mulden herabgewaschen worden sein, wo er infolge des undurchlässigen Untergrundes und der fehlenden Niederschläge sich anhäufen konnte. Diese Anschauung ist verständlicher als die Ersterwähnte, weil eine Nitrifikation an Ort und Stelle infolge der Salzkonzentration kaum denkbar ist. In ähnlicher Weise mögen auch die in ariden Böden häufigen Salpeteranhäufungen entstehen, wobei natürlich nicht immer Guano als organisches N-Material vorhanden sein muß. Daneben gibt es für den Chilesalpeter übrigens noch eine Ansicht, die mit der Entstehung der Salpeterlager infolge elektrischer Entladungen rechnet.

XVII. Kreislauf des Stickstoffs (Fortsetzung) und des Schwefels.

Nitratreduktion. Denitrifikation (Bakterien, Chemismus, Bedeutung im Erdboden). Kreislauf des Schwefels (Allgemeines, Bildung von Schwefelwasserstoff durch Eiweißzersetzung).

In dem Stickstoffkreislauf ist nunmehr noch das letzte Glied der Kette zu besprechen, die Umwandlung des Salpeters. Man muß hier streng unterscheiden zwischen Nitratreduktion und Denitrifikation. Die Nitratreduktion führt lediglich bis zum Nitrit oder weiter bis zum Ammoniak, die Denitrifikation zum elementaren Stickstoff. Daneben unterscheiden sich beide Vorgänge auch grundsätzlich durch ihre stoffwechselphysiologische Bedeutung.

Die Nitratreduktion ist ein Vorgang, der nach KLAESER mit der Stickstoffassimilation zusammenhängt, d. h. also von solchen Mikroorganismen durchgeführt wird, welche Nitrat als Stickstoffquelle verarbeiten können. Das sind die meisten Schimmelpilze, ferner Hefen, Actinomyceten und sehr viele Bakterien, u. a. Azotobacter. Man wird aber allgemeiner sagen können, daß es eine Eigenschaft ist, die mit dem den meisten Organismen zur Verfügung stehenden Reduktionsvermögen zusammenhängt. MAASSEN fand unter 109 untersuchten Mikroorganismen 85, die Nitrit aus Nitrat bildeten. Bei manchen ist bei dieser Reduktion nur Nitrit, bei anderen nur Ammoniak, bei wieder anderen beides nachzuweisen; das hängt von noch nicht näher bekannten Bedingungen ab, zum Teil vielleicht von der Wasserstoffionen-Konzentration, da in manchen Fällen in saurer Lösung Ammoniak, in alkalischer Nitrit gebildet wird. Immer handelt es sich jedoch nur um geringe Mengen, die jedenfalls im allgemeinen Stoffkreislauf keine erhebliche Rolle spielen.

Die Denitrifikation erfolgt durch Zerstörung von Nitraten oder Nitriten unter Abspaltung von elementarem Stickstoff. Es ist ein Vorgang, der nur unter anaëroben Bedingungen durchgeführt wird von Bakterien, die sonst aërob leben: Der fehlende Sauerstoff wird in diesem Falle aus den Nitraten genommen, wobei natürlich eine oxydierbare Kohlenstoffquelle, Zucker oder organische Säuren und dergleichen, vorhanden sein muß; es handelt sich demnach um fakultativ anaërobe Bakterien. Unter den 109 von MAASSEN untersuchten Arten (s. oben) fanden sich nur 4, die Nitrat immer unter Bildung von elementarem Stickstoff zersetzten. Als bekannteste und verbreitetste Arten seien erwähnt: Pseudomonas fluorescens und pyocyaneus, Bacillus coli, Bacterium Stutzeri und B. denitrificans. Die 4 erstgenannten Formen vermögen Salpeter direkt zu zerstören, das letztgenannte Bakterium nur in Mischkultur mit B. coli. Der Grund hierfür ist einfach der, daß jenes Nitrat, nicht aber Nitrit zu denitrifizieren vermag, welches jedoch von diesem gebildet wird. Endlich wurde von BEIJERINCK auch eine sporenbildende Art, Bacillus nitroxus, beschrieben, welche das in der Natur wichtigste Bakterium dieser Art sein soll.

Den Chemismus der Nitratzerstörung kann man sich folgendermaßen schematisch vorstellen:

$$2\,KNO_3 + 2\,C = N_2O + K_2CO_3 + CO_2$$
$$2\,KNO_2 + C = N_2O + K_2CO_3$$
$$2\,N_2O + C = 2\,N_2 + CO_2.$$

Es tritt danach also kein freier Sauerstoff auf; offenbar reagiert das ganze Nitratmolekül unmittelbar mit dem organischen Molekül. Dagegen rechnet man mit N_2O (Stickstoffoxydul) als Zwischenprodukt, das nach BEIJERINCK bei sehr reichlicher Nitratzufuhr bis 80% des auftretenden Gases bilden kann. Hierbei ist noch ein Umstand von sehr großem Interesse: Stickstoffoxydul unterhält die Verbrennung, z. B. eines glimmenden Spanes, wie reiner Sauerstoff, gibt also sehr leicht Sauerstoff ab. Das gilt auch für biologische Verhältnisse: Es können unter anaëroben Bedingungen bei gleichzeitiger Denitrifikation, wie BEIJERINCK zeigte, auch aërobe Bakterien gedeihen, die aus diesem Stickstoffoxydul ihren Sauerstoff beziehen. Für die Cellulosezersetzung bei gleichzeitiger Denitrifikation hatten wir oben S. 30 f. bereits einen derartigen Fall kennen gelernt.

Die Denitrifikation verläuft in Flüssigkeitskulturen im Laboratorium außerordentlich stürmisch unter lebhafter Gasentwicklung (Stickstoff, Kohlensäure), namentlich bei streng anaëroben Verhältnissen, wenn man z. B. die Oberfläche mit Öl vom Luftsauerstoff absperrt; in diesem Falle geht die Denitrifikation weitaus energischer vor sich. Die Lösung wird dabei sehr stark alkalisch infolge der aus dem Nitrat frei werdenden Base; in der Lösung scheiden sich dann charakteristische Kristalle von basischem Magnesiumphosphat ($MgHPO_4 + 3\,H_2O$) ab.

Die günstigste Reaktion des Vorganges liegt für die Nitritzersetzung bei p_H 5,5—7,0, für die Nitratzersetzung bei p_H 5,5—9,8 (Optimum 7,0—8,2), teilweise also ziemlich weit auf alkalischem Gebiet.

Ob es daneben noch andere Formen einer Denitrifikation gibt, ist ziemlich unbekannt, wenn auch gewisse Andeutungen vorliegen. Zunächst kann eine solche rein chemisch stattfinden, indem Ammoniak mit Nitrit reagiert:

$$2\,NH_3 + HNO_2 = N_2 + 2\,H_2O.$$

Ferner gibt es ältere Angaben, daß z. B. in Zuckerrübensäften (die reich an Nitraten sind, da die Rübe eine ausgesprochen Nitrat speichernde Pflanze ist), die in Gärung gerieten, Stickstoffoxyd (NO) auftreten soll, das sich spontan an der Luft zu Stickstoffdioxyd (NO_2) oxydiert, das als rotbraune Dämpfe sichtbar wird. Genaueres über den Vorgang weiß man nicht.

Endlich wurde verschiedentlich behauptet, daß elementarer Stickstoff entstehen soll durch unvollkommene Oxydation von Ammoniak oder organischen Stickstoffverbindungen. Man hat das daraus geschlossen, daß hin und wieder bei Versuchen rätselhafte Verluste an Stickstoff aufgetreten seien. Doch fehlt auch hier jede weitere Kenntnis eines definierbaren Vorganges.

Die Denitrifikation würde selbstverständlich von allergrößter Bedeutung für den Stickstoffkreislauf in der Natur sein, falls sie unter natürlichen Verhältnissen in größerem Ausmaße stattfände. Dies scheint jedoch nicht der Fall zu sein. Denn gerade da, wo die Bedingungen einer Nitratzerstörung gegeben sind, wird die vorherige Nitratbildung nicht eintreten können. So haben wir schon S. 31 gesehen, daß das Einbringen von Cellulose in den Boden keine Denitrifikation zur Folge hat, sondern die Erntedepression auf eine vorübergehende Stickstofffestlegung zurückzuführen ist. Der im Reagensglas leicht auszuführende Versuch der Denitrifikation bei Gegenwart von Cellulose läßt sich also nicht ohne weiteres auf die natürlichen Verhältnisse im Boden anwenden.

Es besagt auch nicht viel, daß man in Boden viele denitrifizierende Bakterien nachweisen kann. Ein Beispiel von VON BAZAREWSKI mag dieses erläutern: Danach waren in den untersuchten Böden, die in Flüssigkeitskulturen mit Nitrat eingeimpft waren (Bestimmung der Denitrifikationskraft) nach 10 Tagen in % des zugesetzten Salpeters verschwunden:

Bei Bodentiefe cm	Boden vom Bauplatz des Institutes	Sandsteinboden	Boden des Versuchsfeldes
10	95,7	93,9	57,7
25	97,2	1,2	86,9
50	75,8	+ 1,3	0
75	87,0	+ 1,5	24,7
100	+ 2,9	0,6	11,8
125	5,8	0 5	86,9

Abgesehen davon also, daß im letzten Falle die Zahlen so unregelmäßig sind, daß man kaum etwas darüber aussagen kann, zeigt sich im übrigen die stärkste Denitrifikation gerade in den oberen, am besten durchlüfteten Bodenschichten. Daraus kann natürlich nicht der Schluß gezogen werden, daß normalerweise dort die stärkste Denitrifikation stattfände, sondern diese Beobachtung ist lediglich der Ausdruck der Tatsache, daß dort mehr Bakterien vorhanden sind, die unter geeigneten Bedingungen denitrifizieren können, wie das nach dem oben Ausgeführten ja ohne weiteres verständlich ist.

In der Natur würde lediglich eine plötzliche und anhaltende Wassersättigung des Bodens in Frage kommen, womit man jedenfalls im Laboratorium leicht Denitrifikation erzielen kann, wie folgendes Beispiel nach LEMMERMANN zeigt, aus dem hervorgeht, daß jedenfalls erst eine volle Wassersättigung intensiven

Wassergehalt in % des Wasserfassungsvermögens . .	50	75	100
Salpeterverlust in %	1,5	10,3	79,1

Nitratverlust verursachen kann. Sehr lehrreich ist auch die Gegenüberstellung der Denitrifikationskraft verschiedener Böden von verschiedenem Wasserfassungsvermögen bei voller Wassersättigung. Man sieht, wie außerordentlich sich diese unterscheiden. Während der sandige Dahlemer Boden bei voller Wasser-

	Dahlem	Prüfer	Rettgau
Nitratverlust bei Boden	79,1	34,3	16,2 %
Wasserfassungsvermögen bei Boden	30,5	41,4	58,3 %

sättigung fast 80% seines Nitratgehaltes verlor, betrug der Verlust bei dem wassergesättigten schweren Rettgauboden nur 16%. Die Verschiedenheit der Böden ersieht man aus der Verschiedenheit ihres Wasserfassungsvermögens. In den schweren an kolloidalen Bestandteilen reichen Böden müssen also die Durchlüftungsverhältnisse bei voller Wassersättigung, vielleicht infolge Sauerstoffadsorption, erheblich günstiger liegen als bei sandigen Böden. Es sei noch bemerkt, daß in dem erwähnten Beispiel bei Prüfung der Denitrifikationskraft in Flüssigkeitskulturen sich die Böden umgekehrt verhielten, der Dahlemer Boden die geringste Denitrifikationskraft aufwies. Auch dieser Versuch spricht also dafür, daß in der Natur die Gefahr eines Salpeterverlustes durch Denitrifikation nicht allzu groß sein dürfte.

Selbstverständlich spielt auch das Vorhandensein organischer Substanz eine Rolle bei der Denitrifikation, ebenso die Menge des vorhandenen Salpeters, wie das folgende Beispiel nach KOCH-PETIT zeigt:

Stickstoffverlust, mg je 100 g Boden bei 26° C nach etwa 3 Wochen bei gleicher Wassergabe.

Glucose-Zusatz mg	Nitrat-N-Zusatz mg	N-Verlust mg
0	110	— 8
272	110	— 8
1088	110	— 8
2176	110	—18
2176	218	—40
3264	218	—56

Es haben also sowohl Erhöhung des Glucose- wie auch des Nitratzusatzes eine Steigerung des Nitratverlustes zur Folge.

Man wird allerdings im Boden kaum mit so anomalen Verhältnissen zu rechnen haben, da die Mengen im Boden sich weit unter solchen im Versuch benutzten Mengen halten. Allerdings muß noch darauf hingewiesen werden, daß auch die natürliche Humussubstanz des Bodens als Kohlenstoffmaterial für die Denitrifikation dienen kann, wie OELSNER an Boden zeigte, der vorher durch sorgfältige Lüftung von leicht abbaubaren Kohlenstoffverbindungen befreit war, der aber bei Luftabschluß trotzdem denitrifizierte. Das Entscheidende in der Natur wird eben immer ein auf längere Zeit hindurch konstanter, zu hoher Wassergehalt sein, was nur ausnahmsweise einmal der Fall sein wird, namentlich nicht während der sommerlichen, durch höheren Nitratgehalt des Bodens ausgezeichneten Periode.

Mit dem Kreislauf des Stickstoffs hat in biologischer Hinsicht der Kreislauf des Schwefels vielerlei Ähnlichkeit: Wir finden diesen ebenfalls (bis zu 1,5%) im Eiweiß organisch gebunden; hieraus wird er in Form von Schwefelwasserstoff frei, analog der Ammoniakbildung; dieser wird wieder, analog der Salpeterbildung, zu Schwefelsäure oxydiert, in welcher Form der Schwefel, als Sulfat, wiederum von den höheren Pflanzen aufgenommen und zur Verarbeitung in organisch gebundenen Schwefel reduziert wird, wie es das Schema des Stoffkreislaufes S. 3 zeigt. Auch Mikroorganismen können, wie beim Stickstoff, diesen löslichen Sulfatschwefel assimilieren, festlegen. Ferner kennen wir eine Schwefelwasserstoff liefernde Sulfatzerstörung, analog der Denitrifikation, die Desulfurikation. Endlich wird auch der Schwefel teilweise als Bestandteil der Humussubstanzen im Erdboden organisch festgelegt.

Wir betrachten zunächst die Bildung von Schwefelwasserstoff, die sich auf zweierlei Weise vollziehen kann. Der eine Weg ist der der Zersetzung der Eiweißstoffe, der Ammoniakbildung vergleichbar. Dieser Schwefelwasserstoff tritt jedoch im normalen Erdboden noch stärker zurück als das Ammoniak im neutralen Boden, weil er hier sofort weiter zur Schwefelsäure oxydiert wird. Wir finden aber noch weitere Unterschiede zum Stickstoffkreislauf. Während sich nämlich die Bildung von Schwefelwasserstoff aus Eiweiß unter der Wirkung der gleichen Mikroorganismen vollzieht wie die Ammoniakbildung und nach den gleichen Prinzipien, nämlich als zwangsmäßige Folge der Zertrümmerung des Kohlenstoffskeletts, vermögen wenigstens eine Anzahl der aëroben Mikroorganismen diesen Schwefelwasserstoff sofort weiter zu oxydieren zu Schwefelsäure, was ja beim Ammoniak nicht möglich ist. Hierzu gehören auch die bekannten Schimmelpilze. So fand z. B. RIPPEL bei Aspergillus niger in einer 0,5% Cystin enthaltenden Nährlösung nach 17 Tagen bis zu 40% des Cystinschwefels als

Sulfat wieder. Auf die Spezialisten der Schwefelwasserstoffverarbeitung wird gleich zurückzukommen sein.

Jedenfalls wird eine Anhäufung von Schwefelwasserstoff nur unter anaëroben Verhältnissen stattfinden können und tritt in der Natur nur am Grunde stehender Gewässer in Erscheinung. Hinzu kommt noch, daß auch die Wasserstoffionen-Konzentration die Schwefelwasserstoffoxydation nicht hemmt, wie das obige Beispiel des sehr stark saure Reaktion vertragenden Aspergillus zeigt, und wie sich noch weiter ergeben wird.

XVIII. Kreislauf des Schwefels (Fortsetzung) und des Eisens.

Bildung von Schwefelwasserstoff durch Desulfurikation und Sulfatreduktion. Oxydation von Schwefelwasserstoff und anderen Schwefelverbindungen (Allgemeines, farblose, rote, grüne Schwefelbakterien. Schwefel im Erdboden). Oxydation von Eisenverbindungen.

Die eigentliche Quelle jedoch der auf dem Grunde stehender Gewässer sich vollziehenden Schwefelwasserstoff-Bildung und -Anhäufung ist nicht die Eiweißzersetzung, sondern die Zerstörung der im Wasser gelösten Sulfate auf dem Wege der Desulfurikation, welcher Vorgang von Beijerinck aufgeklärt wurde. Die früher beschriebenen 2 Arten: Im Süßwasser Spirillum desulfuricans, 238 mg SH_2 im Liter bildend, im Salzwasser Sp. aestuarii, bis 952 mg SH_2 im Liter bildend, sind nach Baars, ebenso wie thermophile Arten, nur Anpassungsformen einer Vibrio desulfuricans genannten Art. Wie bei der Denitrifikation handelt es sich um einen Vorgang, der bei Sauerstoffmangel durchgeführt wird, wobei organische Stoffe mit Hilfe des Sulfatsauerstoffs oxydiert werden; aber die genannten Organismen führen diesen Vorgang nicht fakultativ, sondern obligatorisch durch.

Der gebildete Schwefelwasserstoff fällt, soweit er nicht in höheren Wasserschichten oxydiert wird, oder sich in freier Form vorfindet, die im Wasser gelösten Eisenverbindungen als schwarzes Schwefeleisen aus; auf diese Weise entsteht der schwarze Schlamm auf dem Grunde stehender Gewässer, wie man an jedem Teich beobachten kann. Besonders in tiefen Gewässern kann es dabei zu ganz ansehnlichen Ansammlungen von Schwefeleisen (Limanschlamm des Meeres) oder von freiem Schwefelwasserstoff kommen, wofür das Schwarze Meer ein gutes Beispiel bietet. Dieses steht durch einen sehr seichten Kanal (weniger als 50 m) mit dem Mittelländischen Meer in Verbindung, weshalb ein Austausch der tieferen Schichten unmöglich ist, und Schwefelwasserstoff sich anhäufen kann. Es finden sich

Bei einer Tiefe von	213 m	0,33 ccm SH_2	im Liter
,, ,, ,, ,,	427 ,,	2,22 ,, ,,	,, ,,
,, ,, ,, ,,	2026 ,,	5,55 ,, ,,	,, ,,
,, ,, ,, ,,	2528 ,,	6,55 ,, ,,	,, ,,

Hingewiesen sei hier noch auf die mikrobiologisch besonders interessanten Limane, flache, salzwasserhaltige Becken an der Küste des Schwarzen Meeres, deren schwarzer Limanschlamm zu Heilzwecken (Bädern) verwendet wird.

Will man solchen schwefeleisenhaltigen Teichschlamm zur Pflanzenkultur verwenden, so muß man ihn erst längere Zeit unter Umschaufeln, also unter Sauerstoffzutritt, liegen lassen; sonst wirkt er schädlich, da er offenbar infolge der bei Luftzutritt eintretenden Oxydationsvorgänge den Pflanzen zu viel Sauerstoff entzieht oder auch die Reduktionsprodukte unmittelbar giftig auf jene wirken. Jedenfalls zeigt sich also auch hier, daß nur ein aërobes Mikroorganismenleben den höheren Pflanzen geeignete Kulturbedingungen schaffen kann.

Erwähnt sei hier noch, daß auch eine Sulfatreduktion zu Schwefelwasserstoff als Folge des Schwefelstoffwechsels der Mikroorganismen, bzw. als Ausdruck einer gewissen Reduktionsfähigkeit, analog der Nitratreduktion, vorkommt; auch Thiosulfat, Sulfit, elementarer Schwefel können reduziert werden, z. B. auch von Hefen; indessen handelt es sich hierbei immer nur um geringe Mengen.

Der gebildete Schwefelwasserstoff wird, wie erwähnt, im Erdboden so schnell zu Schwefelsäure oxydiert, daß er nicht in Erscheinung tritt; auch spielen die verhältnismäßig geringen Mengen, um die es sich hier handelt, keine erhebliche Rolle, da ja die größere Mengen von Schwefelwasserstoff liefernde Desulfurikation hier naturgemäß fehlt. Anders ist es in Gewässern mit ihrer starken Desulfurikation. Infolgedessen findet sich hier auch eine reiche Mikroorganismenflora von Schwefelbakterien, welche die Schwefelwasserstoffoxydation zu ihrem Spezialstoffwechsel gemacht haben, und die hier in der für die Schwefelwasserstoff- und die Sauerstoffversorgung günstigsten Schichthöhe ihres Substrates sich einstellen. Denn Sauerstoff ist natürlich zu diesem Vorgang unbedingt notwendig; auf die Besonderheit der Purpurbakterien wird weiter unten erst eingegangen werden. In künstlicher Kultur häufen sich diese Bakterien zu sogenannten „Bakterienplatten“ oder „Bakterienniveaus“ in der günstigsten

Konzentration der beiden von oben und von unten herandiffundierenden Stoffe an. Wie der Reaktionsverlauf zeigt, verläuft

$$2\,SH_2 + O_2 = 2\,H_2O + 2\,S + 122\text{ Kal}$$
$$2\,S + 3\,O_2 + 2H_2O = 2\,H_2SO_4 + 282\text{ Kal}$$

der Vorgang unter erheblichem Energiegewinn und über den elementaren Schwefel als Zwischenprodukt. Die Bakterien leben mit Hilfe der gewonnenen Energie autotroph, vermögen allerdings auch heterotroph zu leben.

Trotz der Gemeinsamkeit des autotrophen Lebens gibt es im übrigen eine außerordentliche Mannigfaltigkeit dieser Mikroorganismen. Wir erwähnen zunächst farblose Schwefelbakterien. Ein Teil zeichnet sich dadurch aus, daß sie das Zwischenprodukt, den elementaren Schwefel, vorübergehend in ihren Zellen speichern und erst bei Nahrungsmangel, d. h., wenn der Schwefelwasserstoff aufgebraucht ist, weiter verbrennen. Das sind zunächst einige Fadenbakterien, wie Beggiatoa mirabilis, die in Salzwasser (Kieler Bucht, Bahama-Bank und im Binnenland in den 4,5% Kochsalz führenden Solgraben von Artern a. d. Unstrut) vorkommt und bis zu 50 μ Durchmesser besitzt, und B. alba mit nur 2—4 μ Durchmesser, eine im Süßwasser häufige Form, wo sie auf dem Grunde von Gewässern faules Laub mit einem spinnegewebartigen Fadengeflecht überzieht. Beides sind schwach bewegliche (Kriechbewegungen) Formen; sie kommen daher mehr in stagnierendem oder langsam fließendem Wasser vor, während die zu den Chlamydobakterien gehörige Thiothrix mit knieförmiger Basis festsitzende Zellfäden besitzt und infolgedessen in mehr fließendem Wasser zu finden ist. Von einzelligen Bakterien, die in diese Gruppe gehören, sei u. a. die große Thiophysa volutans, mit Zellen von 21—40 μ Durchmesser, erwähnt.

Eine zweite Gruppe von Schwefelbakterien lagert den als Zwischenprodukt gebildeten Schwefel nicht in, sondern außerhalb der Zelle ab, wie Thiobacterium thioparum; diese und andere Bakterien wieder vermögen solchen abgeschiedenen elementaren Schwefel weiter zu oxydieren; eine besonders interessante Form ist Thiobacterium denitrificans, die Nitrate bei Gegenwart von Schwefel zu denitrifizieren vermag, wobei der Schwefel zu Schwefelsäure verbrannt, also wie eine Kohlenstoffquelle verwendet wird. Ferner hat man eine Thiobacillus thiooxydans genannte Form aus Erde isoliert, welche elementaren Schwefel zu oxydieren vermag. Dieses Bakterium ist dadurch interessant, daß es so stark Schwefelsäure zu bilden vermag, daß der p_H-Wert noch unter 1 sinken kann. Auch hat man es in einem stark sauren Moorboden (unter p_H 3,5) als einzigen lebenden Organismus aufgefunden. Das zeigt also wieder, daß die Sulfatbildung durch saure Reaktion nicht gehemmt wird, im Gegensatz zur Nitratbildung. Sie findet aber auch im alkalischen Boden statt; denn Th. thioparum hat sein Optimum bei alkalischer Reaktion (p_H 7,0—9,0). Endlich vermögen auch verbreitete Bakterien wie Bacillus mycoides und Schimmelpilze wie Aspergillus niger elementaren Schwefel zu oxydieren; ob die letztgenannten allerdings autotroph davon zu leben vermögen wie jene, ist unbekannt.

Außer Schwefelwasserstoff und elementarem Schwefel können auch Thiosulfate und Sulfite, also alle oxydierbaren Schwefelverbindungen oxydiert werden. Thiobacterium thioparum z. B. oxydiert Thiosulfate unter Abscheidung von elementarem Schwefel; wieder andere oxydieren Thiosulfate zu Schwefelsäure und Tetrathionsäure (Thiosulfat- oder Thionsäurebakterien).

$$Na_2S_2O_3 + O = Na_2SO_4 + S$$
$$3\,Na_2S_2O_3 + 5\,O = 2\,Na_2SO_4 + Na_2S_4O_6.$$

Endlich bilden gewisse Bodenbakterien aus elementarem Schwefel Hyposulfite; kurzum, es herrscht auch hier eine ungeheuere Mannigfaltigkeit der Erscheinungen.

Eine dritte Gruppe endlich von Schwefelbakterien bilden die auch als Thiorhodaceae zusammengefaßten schwefeloxydierenden Purpurbakterien, als deren Vertreter Pseudomonas Chromatium (Chromatium Okenii) gelten kann, und die grünen Bakterien, von denen wir Chlorobium limicolum als Vertreter nennen. Beide kommen vergesellschaftet in Gewässern, aber auch im Boden vor, wenn auch in diesem nur in geringer Anzahl. Die Purpurbakterien sind mit ihrem purpurroten Farbstoff zweifellos an die unter grünen Wasserpflanzen hauptsächlich vorhandenen grünen Strahlen angepaßt, deren Komplementärfarbe sie führen. Durch aktive Bewegungen reagieren sie auf Lichtreize (vgl. Theor. Mikrobiol. S. 21ff.).

Bisher war ihr Stoffwechsel wenig bekannt; man wußte zwar, daß sie Schwefel oxydieren; aber eine Schwierigkeit bestand darin, daß sie streng anaërob waren, zur Schwefelwasserstoffoxydation dagegen viel Sauerstoff erforderlich ist. Man glaubte, diesen lieferten ihnen die mit ihnen meist zusammenlebenden grünen Bakterien, die wie die grünen Pflanzen Kohlensäure im Licht verarbeiten und Sauerstoff ausscheiden sollten. Oder man glaubte, sie reduzierten im Licht selbst die Kohlensäure und gewönnen so den notwendigen Sauerstoff. VAN NIEL hat nun kürzlich ihren Stoffwechsel aufgeklärt und gefunden, daß beide, Purpur- und grüne Bakterien, im Licht Schwefelwasserstoff oder auch elementaren Schwefel und andere oxydierbare Schwefelverbindungen direkt mit Kohlensäure umsetzen in folgender Weise:

$$3\,H_2S + 6\,H_2O + 6\,CO_2 = C_6H_{12}O_6 + 3\,H_2SO_4$$
$$4\,S + 16\,H_2O + 6\,CO_2 = C_6H_{12}O_6 + 6\,H_2O + 4\,H_2SO_4$$

Diese Beziehungen wurden stöchiometrisch bei Stoffwechselversuchen gefunden. Die günstige Wirkung der grünen auf die Purpurbakterien, die man schon früher kannte und auf Sauerstoffbelieferung zurückführte, stellte sich lediglich als Folge einer Senkung der Schwefelwasserstoffkonzentration heraus. Denn die grünen Bakterien sind viel unabhängiger von dieser als die Purpurbakterien. Auch organische Stoffe werden von Purpurbakterien im Lichte assimiliert.

Die Ähnlichkeit des Schwefelkreislaufes mit demjenigen des Stickstoffs äußert sich noch darin, daß auch Schwefel in löslicher Form im Erdboden durch Mikroorganismen assimiliert und so festgelegt werden kann, z. B. bei Zusatz von S-freien Kohlenstoffverbindungen, wie folgendes Beispiel nach RIPPEL zeigt, wobei 50 g Erde mit 3 g Rohrzucker versetzt und angefeuchtet stehen gelassen wurden. Man sieht, daß nach einiger Zeit der größte

Ackererde		Komposterde	
Sulfatgehalt bei Beginn	0,0099 g	Sulfatgehalt bei Beginn	0,0258 g
Sulfatgehalt nach 1 Monat	0,0009 g	Sulfatgehalt nach 14 Tagen	0,0088 g
Sulfatgehalt nach 2 Monaten	0,0 g		

Teil des Sulfates verschwunden, assimiliert ist. Um ein Entweichen in gasförmiger Form kann es sich hierbei natürlich nicht handeln, und etwa gebildeter Schwefelwasserstoff müsste auch sofort wieder zu Sulfat oxydiert worden sein. Auf weitere Fragen des Schwefelkreislaufes wird noch zurückzukommen sein.

Außer Kohlenstoff, Stickstoff, Schwefel machen alle Elemente, die in den Stoffwechsel der Organismen einbezogen werden, auch die Stufe der mikrobiologischen Einwirkung durch. Jedoch liegen hier für Kalium, Magnesium, Eisen, Zink, Kupfer usw. die Verhältnisse noch extremer als beim Schwefel: Gegenüber den großen Mengen, die für die höheren Pflanzen im Erdboden verfügbar sind, treten die von den Organismen organisch festgelegten Mengen so sehr zurück, daß der biologische Kreislauf kaum in Erscheinung tritt, jedenfalls in keinem praktisch irgendwie bedeutsamen Umfange. Immerhin ist zu beachten, daß man erst in neuster Zeit auf die Wichtigkeit verschiedener seltener Elemente, die man früher nicht oder wenig beachtet hat, aufmerksam wurde, von Jod, Bor, Molybdän usw. Ob hier die Mikroorganismen wesentlich in den Kreislauf eingreifen, etwa wie es bei der Speicherung von Jod und Brom durch Meeresalgen der Fall ist, vermag man jedenfalls heute noch nicht zu sagen. Da es sich aber stets nur um geringe Mengen solcher Elemente handelt, die vorhanden sind, so ist eine Bedeutung der Mikroorganismen in dieser Hinsicht nicht ausgeschlossen.

Bei dem Eisen liegen allerdings die Verhältnisse insofern etwas anders, als eine Reihe von Mikroorganismen an oxydierbaren, 2-wertigen, Eisenverbindungen, Ferro-verbindungen, einen autotrophen Betriebstoffwechsel durchführen, wobei sie diese zu den 3-wertigen Ferri-verbindungen oxydieren und mit der so gewonnenen Energie eben die Kohlensäure verarbeiten:

$$4\,FeCO_3 + 6\,H_2O + O_2 = 4\,Fe(OH)_3 + 4\,CO_2 + 58\text{ Kal.}$$

Wie man aus der Gleichung ersieht, ist die Oxydationsenergie je Molekül verhältnismäßig sehr gering; es werden infolgedessen größere Mengen umgesetzt; die fraglichen Organismen können erhebliche Ablagerungen von Sumpferz und Raseneisenerz hervorrufen, indem sie das im Wasser gelöste Eisencarbonat, bzw. Eisenbicarbonat oxydieren. Wasserleitungen, die eisenhaltiges Wasser führen, können auf diese Weise durch Bakterienmassen verstopft werden.

Im Untergrund des Bodens finden sich die Eisenverbindungen in der zweiwertigen Form wegen des Fehlens des Sauerstoffs; diese sind gleichzeitig verhältnismäßig leicht in Wasser löslich, fallen aber nach Oxydation zur dreiwertigen Form unlöslich aus. Diese Oxydation vollzieht sich allerdings auch spontan, ohne Mitwirkung von Mikroorganismen, deren Bedeutung für die Oxydation und Ausfällung jedoch zweifelsfrei nachgewiesen ist, da man sie überall in den genannten Eisenablagerungen in großen Mengen gefunden hat. Halvorson glaubt neuerdings, daß die Eisenbakterien sich nur zufällig die Oxydationsenergie nutzbar machten, da sie sich nur unter Bedingungen entwickelten, unter denen die Oxydation auch spontan eintritt. Er glaubt außerdem, daß die Tätigkeit gewöhnlicher heterotropher Bakterien in der Natur für die Ausfällung von Eisen wichtiger sei. Eine solche würde überall da stattfinden können, wo das Medium durch Ammoniakbildung, denitrifizierende Bakterien usw. alkalisiert wird. Auf die Eisenausfällung durch Schwefelbakterien wurde oben schon hingewiesen.

Ein interessanter autotropher Eisenorganismus ist Gallionella ferruginea (bzw. damit identisch Spirophyllum ferrugineum), dessen wahre Natur erst kürzlich erkannt wurde. Ein bohnenförmiger Zellkörper, der sich teilen kann, sitzt auf einem spiralig gewundenen, teilweise in der Mitte zurückgekrümmten Fuß auf, den man früher für den eigentlichen Vegetationskörper gehalten hat, und der aus dem gebildeten Eisenoxydhydrat besteht.

Im übrigen gehören hierher eine Anzahl von Chlamydobakterien, die in ihrer den Zellfaden umhüllenden gemeinsamen Scheide das Eisenoxydhydrat in großen Mengen speichern, da eben der Umsatz sehr groß sein muß, damit genügende Energiemengen zur Verfügung stehen. Der Durchmesser der Scheide kann dabei den Zelldurchmesser um ein Vielfaches übertreffen. Es sind das u. a. Leptothrix ochracea, eine fädige frei schwimmende, unverzweigte Form, die in der Natur am gemeinsten ist. Crenothrix polyspora ist eine mit verdicktem basalen Ende festsitzende Form. Außerdem wurden noch Kokken und Kurzstäbchen beschrieben, wie Siderocapsa und Sideromonas. Die Erstgenannte liegt in einer von einem eisenhaltigen Hof umgebenen Gallerte und kommt auf Wasserpflanzen vor, die Zweitgenannte ist von einer stark eisenhaltigen Gallerte umgeben. Es erscheint aber nicht ganz ausgeschlossen, daß es sich bei diesen Organismen vielleicht um Bakterien handelt, die zu den gewöhnlichen heterotrophen Formen gehören.

Es sei noch darauf aufmerksam gemacht, daß manchmal Mangano-verbindungen in der gleichen Weise zu Manganiverbindungen oxydiert werden können. SCHORLER fand z. B. in den Scheiden von Crenothrix 6—9% Eisenoxyd, dagegen 30—60% Manganoxyd. Mangan kann also u. U. das Eisen an Menge erheblich übertreffen, so daß man eigentlich von Manganbakterien sprechen müßte.

XIX. Bildung und Zersetzung der Humusstoffe.

Bedeutung der Humusstoffe (Humusformen, Humus und Kohlensäurebildung, Gare, Humus als Träger des Bodenstickstoffs und sonstiger Elemente, Bedeutung für die physikalischen Bodeneigenschaften).

In dem Kreislauf der Stoffe haben wir bisher eine Etappe nur gelegentlich flüchtig berührt, mit der wir uns jetzt noch näher beschäftigen müssen, die Bildung und Zersetzung der

Humusstoffe, d. h., ganz allgemein ausgedrückt, aller organischen Stoffe, die im Erdboden nicht unmittelbar zersetzt werden, sondern längere Zeit dort verbleiben und ihm die meist mehr oder weniger braune Farbe verleihen. Diese Humussubstanzen spielen im Boden in mannigfacher Hinsicht eine wichtige Rolle. Ihre Bedeutung ist in folgenden 5 Punkten kurz geschildert.

1. Die Art und Weise ihrer Entstehung sowie des Ausgangsmaterials führt zu Produkten verschiedener Art, welche entscheidend sind für die natürliche Pflanzenformation, die sich darauf befindet. Die Entwicklung von Torfmoosen (Sphagnumarten) und einiger anderer Pflanzen, wie Wollgras (Eriophorumarten) usw. unter hoher Feuchtigkeit führt zu einer sehr unvollkommenen Zersetzung, zur Bildung und Anhäufung des sauren Hochmoortorfes, der fast ganz aus organischer Substanz besteht und nur etwa 3% Asche enthält.

In Wäldern und auf Heiden bedingen Heidekraut (Calluna), Heidelbeere (Vaccinium myrtillus) und andere Kleinsträucher, namentlich auch im Hochgebirge, ferner Kiefer und Fichte, etwas weniger ausgeprägt die Buche, die Bildung des ebenfalls stark sauren Rohhumus, der wenigen Pflanzen Entwicklungsmöglichkeit läßt. Auch hier haben wir keine schnelle und vor allem keine durchgreifende Zersetzung der großen Mengen abfallender organischer Substanzen. In besonders ausgeprägten Fällen kommt es dabei zur Bildung eines auch die Wälder selbst schließlich vernichtenden Trockentorfes. Der Name rührt daher, daß es sich um eine torfähnliche Masse handelt, die aber nicht bei stagnierender Feuchtigkeit gebildet wird wie der Hochmoortorf. Einen Humus milderer Art, den man auch adstringierenden Humus genannt hat, finden wir in den Mischwäldern, der allerdings in reinen Buchenwäldern und bei ungünstigem, kalkarmem Boden ebenfalls in Rohhumus übergehen kann. Je nach der Örtlichkeit wechselt der Gehalt an organischer Substanz hier natürlich sehr stark. Gerade die einseitige Kultur nur einer Baumart, namentlich der Fichte, hat deshalb der Forstkultur außerordentlich geschadet und wird mehr und mehr durch eine Mischkultur ersetzt.

Daß einzelne Baumarten, namentlich Laubhölzer, wenig zur Bildung von Rohhumus bzw. Trockentorf neigen, liegt daran, daß ihr Laub basenreicher ist als die Nadeln von Fichte usw., so daß die Reaktion des Bodens nicht so ungünstig beeinflußt wird durch die abfallenden Blatt- bzw. Nadelmassen. Auch enthalten sie weniger Harze u. dgl. Stoffe, die bei den Nadelhölzern die Zersetzung weiter hemmen.

Ist einmal Rohhumusbildung eingetreten, so wird der Boden (abgesehen davon, daß diese Schicht die Sauerstoffzirkulation erheblich hemmt) infolge völliger Auswaschung der oberen Schichten (Bleichsand) noch weiterhin verschlechtert und die unter dem Bleichsand liegende, durch Ausfällung von Eisenverbindungen und Humusstoffen entstehende Ortsteinschicht stellt weiterhin ein für die Baumwurzeln undurchdringliches Hindernis dar. So haben also die ungünstigen mikrobiologischen Verhältnisse außer den unmittelbaren noch weitergehende Wirkungen sekundärer Natur, die hier aber nur kurz angedeutet werden konnten.

Diesen ausgesprochenen Humusböden gegenüber stehen die Mineralböden mit ihrem milden Humus; die Zersetzung ist hier viel vollständiger, wenn auch ein gewisser Bestand an Humussubstanzen verbleibt. Wenn eine Durchschnittszahl genannt werden soll, so kann man im normalen Ackerboden mit etwa 2—3% organischer Substanz rechnen. U. U., wie in den Schwarzerdeböden, kann diese viel höher werden; sie beträgt dort im allgemeinen 6—10%. Hochmoorböden und Rohhumusböden können für landwirtschaftliche Kulturpflanzen nur nutzbar gemacht und in den Zustand jener Mineralböden übergeführt werden, wenn für starke mineralisierende Tätigkeit der Mikroorganismen im Boden gesorgt wird, was sich bei ihrer sauren Beschaffenheit nur durch Zufuhr von Kalk erreichen läßt. Die Zusammenhänge mit der Ernährung der darauf wachsenden Pflanzen werden wir weiter unten noch kennen lernen.

2. Die Humussubstanzen stellen im Boden das Material dar, aus dem die Bildung der Kohlensäure erfolgt, soweit diese nicht durch sofortige Zersetzung abfallender organischer Reste entsteht. Ob die verschiedene Menge der bei verschieden hohem Humusgehalt ausgeatmeten Kohlensäure allerdings von unmittelbarem Einfluß auf das Wachstum der Pflanzendecke des betreffenden Bodens ist, das ist, wie wir S. 26 f. gesehen haben, noch nicht genügend sicher erwiesen. Jedoch spielt die im Boden gebildete Kohlensäure eine sehr wichtige Rolle im Boden selbst, wenn auch unsere Kenntnis darüber sich einstweilen auf die Mineralböden beschränken.

Einmal, soweit unsere Kulturböden in Frage kommen, hinsichtlich der Bodengare. Man bezeichnet damit denjenigen günstigen physikalischen Zustand des Bodens, der in einer lockeren Beschaffenheit besteht, die wiederum eine Folge der Krümelbildung ist. Dabei erscheint die Einzelkornstruktur des Bodens von einer Bildung größerer Krümel abgelöst. Vielfach bringt man diesen Vorgang der Garebildung mit Gärung zusammen und glaubt, daß die mikrobiellen Vorgänge im Boden, dessen feinste Poren infolge der Kohlensäurebildung auftreibe, etwa so, wie wir es beim Auftreiben eines Teiges durch die Kohlensäurebildung der Hefe vor uns sehen. Die Anschauung hat wenig Wahrscheinlichkeit. Da es sich nämlich um eine vollständige Verbrennung der organischen Substanz zu Kohlensäure und Wasser handelt, so kann sich z. B. bei der Verbrennung von Zucker das Gasvolumen gar nicht ändern, da für jedes Molekül verbrauchten Sauerstoff ein Molekül Kohlensäure entsteht, gleiche Anzahl von Molekülen aber gleichen Druck haben. Im Gegenteil würden bei der Veratmung der im Vergleich zum Zucker kohlenstoffreicheren und sauerstoffärmeren Humussubstanzen mehr Moleküle Sauerstoff aufgenommen werden müssen als Moleküle Kohlensäure entstehen, also gerade ein Unterdruck zu erwarten sein. Bei der Entstehung der Gare werden also wohl andere Momente chemisch-physikalischer Natur die entscheidende Rolle spielen, auf die wir hier nicht eingehen können, wobei aber jedenfalls die mikrobiell gebildete Kohlensäure der primäre Faktor ist.

3. Weiterhin enthalten die Humussubstanzen den Stickstoffvorrat des Bodens, dem z. B. die fruchtbaren Schwarzerdeböden ihre Unerschöpflichkeit verdanken. Die wenigen Milligramm an anorganischem Stickstoff, die in 100 g Boden an Salpeter- oder Ammoniakstickstoff vorhanden sind, spielen gegenüber den in den Humussubstanzen in organischer Form festgelegten Stickstoffmengen keine Rolle; denn der Gesamtstickstoffgehalt eines Ackerbodens beträgt, wenn eine teils unter-, teils überschrittene Zahl genannt werden soll, etwa 0,1%. Die langsame Mineralisation dieses organisch festgelegten Stickstoffs, die mit der Kohlensäurebildung, dem Abbau des Kohlenstoffskeletts der organischen Substanzen zwangsmäßig verknüpft ist, ermöglicht die Ernährung der auf ungedüngtem Lande wachsenden Pflanzen. Dieser Punkt wird uns noch eingehender beschäftigen.

4. Weiterhin sind die Humussubstanzen von Wichtigkeit in chemischer Hinsicht überhaupt. Noch nicht so allgemein beachtet ist die Tatsache, daß in den Humussubstanzen auch Schwefel und Phosphor organisch festgelegt sind, wahrscheinlich aber noch mehr Elemente, als man bisher weiß. Folgende Übersicht (S. 104) nach RIPPEL zeigt für den Schwefel diese Verhältnisse.

Also auch vom Schwefel liegt, wenn auch nicht in ganz so hohem Maße wie bei dem Stickstoff, die Hauptmenge in organisch gebundener Form vor. Ähnliches gilt für den Phosphor. Auch hierauf werden wir noch zurückkommen. Auch auf die mögliche Bedeutung seltenerer Elemente, wie z. B. Molybdän (vgl. S. 98 f.) sei noch hingewiesen, ebenso auf das Vorhandensein wachstumsfördernder organischer Stoffe (vgl. S. 42).

Boden	p_H	% Gesamtschwefel	% Sulfatschwefel	Sulfatschwefel in % des Gesamtschwefels
Boden aus altem Buchenwald	4,13	0,0579	0,0056	9,6
Felderde	7,17	0,0418	0,0060	14,4

5. Endlich sind die Humussubstanzen des Bodens von sehr großer Wichtigkeit in physikalischer, bzw. chemisch-physikalischer Hinsicht, indem sie den Boden, wenn wir von der Versäuerung durch die sauren Humusstoffe des Hochmoortorfes und des Rohhumus absehen, für die Pflanzenkultur äußerst günstig beeinflussen. Man hat im Gegenteil Grund zur Annahme, daß die milden Humusstoffe des Ackerbodens bis zu einem gewissen Grade an dem Pufferungsvermögen des Bodens beteiligt sind.

Hier kommt ferner ihre Fähigkeit in Betracht, gelöste feste und gasförmige Stoffe zu adsorbieren. Wir haben oben S. 92 bei der Denitrifikation schon gesehen, daß adsorptionsfähige Böden offenbar eine erheblich günstigere Sauerstoffversorgung für mikrobielle Vorgänge haben müssen als solche, denen diese Eigenschaft fehlt. Das gleiche Prinzip kommt offenbar darin zum Ausdruck, daß streng aërobe Vorgänge, wie Kohlensäureproduktion, Nitratbildung usw. sich auch, wenigstens zeitweise, ungehemmt vollziehen, wenn der Sauerstoffdruck weit unter demjenigen der Luft liegt. Es ist dabei übrigens nicht ausgeschlossen, daß die Humusstoffe in diese Vorgänge nicht nur mittelbar, sondern vielleicht auch unmittelbar eingreifen, da es scheint, als ob Verbindungen von Chinoncharakter in ihnen vorhanden sind, die unmittelbar als Sauerstoffüberträger wirksam sein könnten.

Die Adsorptionsfähigkeit festen gelösten Stoffen gegenüber zeigt sich z. B. beim Ammoniak, das infolgedessen im Boden viel weniger der Auswaschung unterliegt als das Nitrat. Es ist auch nicht ausgeschlossen, daß ein Teil des „organisch gebundenen“ Humusstickstoffs sogar adsorbiertes Ammoniak sein könnte, bzw. die Adsorption eine Vorstufe einer festeren Bindung. Sicher spielen eine ganze Anzahl an den organischen Bodensubstanzen adsorbierter Stoffe für das Leben der Mikroorganismen eine wesentliche Rolle, wobei es aber, wie z. B. beim Molybdän, zur Zeit dahingestellt bleiben muß, ob wir diesen Stoff im Humus adsorbiert oder chemisch gebunden annehmen müssen, was in gleicher Weise für sonstige etwa wirksame Stoffe gilt. Hier stehen wir noch ganz im Anfang unserer Kenntnisse.

Weiterhin beeinflussen die Humussubstanzen sehr wesentlich die Wasserführung im Boden, wie an folgendem Beispiel gezeigt sei (nach WOLLNY):

Mischung mit Humus	1:0	$^3/_4$:$^1/_4$	$^1/_2$:$^1/_2$	$^1/_4$:$^3/_4$
	Wasserfassungsvermögen			
Lehm:Humus	34,4	39.0	39,5	43,1
Sand:Humus	11,7	22,7	29,8	38,9
	Filtrationsgeschwindigkeit, g je 1 ccm			
Lehm:Humus	13,5	21,6	22,5	25,3
Sand:Humus	41,6	43,0	35,6	30,5

Wie man sieht, erfolgt ein weitgehender Ausgleich zwischen den beiden extremen Böden: Bei Sand wird das Wasserfassungsvermögen durch Humus stark heraufgesetzt, bei Lehm wenig verändert; bei diesem wird jedoch die bei einem solchen Boden erwünschte Durchlässigkeit, die Durchlaufsgeschwindigkeit, durch Humus erhöht. Obwohl die Versuchsanordnung etwas extrem ist, zeigt sie doch deutlich die Richtung der günstigen Beeinflussung.

XX. Bildung und Zersetzung der Humusstoffe.
(Fortsetzung).

Definition der Humusstoffe. Umwandlung von Mikroorganismen und sonstiger organischer Substanz. Stickstoffgehalt. Abbau von Kohlenstoff und Stickstoff. Beteiligte Mikroorganismen. Ausblick auf die Mycorrhiza. Morphologie der Mycorrhiza.

Nachdem das Wesentlichste gesagt ist über die verschiedenartige Bedeutung der Humussubstanzen im Boden, wenden wir uns zur kurzen Besprechung ihrer Bildung und Zersetzung. Es ist jedoch unmöglich, hier alles zu berücksichtigen, z. B. die zahlreichen Versuche, die Humussubstanzen chemisch zu erfassen. Es wird sich für uns fast ausschließlich um die Stickstofffrage handeln.

Zunächst muß der Begriff „Humussubstanzen" etwas genauer gefaßt werden. Der Begriff „organische Substanz" des Bodens deckt sich natürlich nicht damit, da z. B. im Waldboden zu allen Zeiten völlig unzersetzte Pflanzenteile, Holzstücke u. dergl.

vorhanden sind, die nicht eigentlich Humus darstellen. Andererseits gehen sicherlich einige Bestandteile der Pflanzen zunächst unverändert in die Humussubstanzen ein, namentlich die beiden Gruppen des Lignins und der Gerbstoffe, von denen die letztgenannte Körpergruppe mit Eiweiß unlösliche Verbindungen ergibt (Gerbung von Eiweiß).

Die eigentlichen Humusstoffe jedoch gehen aus einer wohl hauptsächlich oxydativen Veränderung aller dieser Stoffe hervor. Auch in Reinkultur kann man sich von der Entstehung brauner amorpher stickstoffhaltiger Stoffe überzeugen, wofür einige Beispiele genannt seien. Holzzerstörende Pilze verwandeln das Holz zu einer schließlich schwarzbraunen krümeligen Masse. Aspergillus niger färbt eine Zuckernährlösung bei neutraler Reaktion tief schwarzbraun; aus dieser Lösung lassen sich auf Zusatz von Säure braune Massen von den Eigenschaften der Humusstoffe ausscheiden. Seine Sporen enthalten Stoffe von gleichen Eigenschaften, denen sie die schwarze Farbe verdanken. Eine große Fülle von Pilzen besitzt braun gefärbtes Mycel, das bei manchen sogar schwarze Krusten von kohliger Beschaffenheit bildet. Auf CHOLODNY-Platten (S. 11) kann man sich von dem zahlreichen Vorhandensein brauner Mycelstücke namentlich im Waldboden überzeugen. Von Bakterien gibt uns Azotobacter chroococcum mit seiner im Alter auftretenden Braunfärbung ein gutes Beispiel ähnlicher Art. Überhaupt vermögen eine ganze Anzahl von Bakterien bräunliche und schwarze Farbstoffe (B. mesentericus) zu bilden. Cellulosezersetzende Bakterien lassen nach Zerstörung der Cellulose eine bräunlich gefärbte Masse übrig. Es hat keinen Zweck, diese Beispiele ins Unendliche zu vermehren.

Die Umwandlung des Ausgangsmaterials in die Humusstoffe vollzieht sich dabei auf zweierlei Weise: Einmal durch unmittelbare Veränderung des Ausgangsmaterials. Diese können wir z. B. beobachten, wenn wir etwa Aspergillus auf einer Gerbstoff- (Tannin-) Lösung wachsen lassen, wobei sich die Lösung bald intensiv braun färbt durch Oxydation des Gerbstoffs. Viele Mikroorganismen vermögen ferner Tyrosin, eine aromatische Aminosäure, unter Braunfärbung zu oxydieren, welchen Vorgang man als Melaninbildung bezeichnet. Oder aber die betreffende organische Substanz wird zunächst von dem Mikroorganismus zu körpereigner Substanz verarbeitet; wenn dann die Kohlenstoffquelle erschöpft ist, setzt Autolyse ein und es werden dabei die freiwerdenden aromatischen Komplexe des Eiweißes zu braunen Stoffen oxydiert. Dann vollzieht sich also eine Art Bildung von

Melanin aus den Stoffen des eigenen Körpers. Dieser Vorgang vollzieht sich z. B. bei der Braunfärbung einer Zuckerlösung durch Aspergillus. Festzustellen, welcher dieser beiden Wege, der unmittelbare oder der mittelbare, eingeschlagen wird, bleibt natürlich jeweils einer besonderen Untersuchung vorbehalten.

Der Stickstoffgehalt der Humusstoffe hängt nun zunächst von dem Stickstoffgehalt des Ausgangsmaterials ab. Bei dem folgenden Versuch von SNYDER wurden 3 kg humusarmen Bodens mit 200 g verschiedener organischer Substanzen vermischt, 1 Jahr der Zersetzung überlassen und dann der Stickstoffgehalt der mit Kalilauge extrahierbaren Humussubstanzen ermittelt, wobei sich folgendes ergab:

Prozentgehalt an Stickstoff bei Humus aus

Fleisch	10,96	Haferstroh.	2,50
Grünklee	8,24	Sägemehl	0,32
Rinderdünger . .	6,16	Zucker	0,08
Weizenmehl . . .	5,02		

Es entspricht der Stickstoffgehalt also zunächst annähernd demjenigen des Ausgangsmaterials. Daß aber nicht nur der Stickstoff des Ausgangsmaterials, sondern der überhaupt vorhandene assimilierbare Stickstoff mit einbezogen wird, zeigen u. a. Versuche von WAKSMAN, wobei aus 253 g Cellulose, die mit 2,69 g Ammoniakstickstoff einem Sand zugemischt waren, nach 12 Monaten 46,3 g humusähnliche Stoffe mit 3,3% N entstanden waren und deren alkalilösliche Fraktion über 5% Stickstoff enthielt. Es läßt sich natürlich ohne nähere Untersuchung nicht entscheiden, was von dem Ausgangsmaterial unmittelbar zu Humussubstanzen umgewandelt wurde und was erst durch Mikroorganismensubstanz lief.

In der Natur wird sich, von ganz vereinzelten Fällen abgesehen, die Humusbildung bei relativ geringen Mengen an Stickstoff abspielen, da ja alles in Frage kommende Material, abgefallenes Laub, Holz usw. stickstoffarm, aber reich an Zellwandbestandteilen ist. Nichtsdestoweniger ergibt sich in allen Fällen ein an Stickstoff angereichertes Produkt, das anscheinend im Alter immer reicher an Stickstoff wird. DETMER z. B. fand

Torfhumus, Oberfläche	0,8%	Stickstoff
,, 7 Fuß tief	2,1%	,,
,, 14 Fuß tief	4,1%	,,

Ein solcher Vorgang ist ohne weiteres verständlich; denn zunächst werden die stickstofffreien Komponenten des organischen Materials als Atmungsmaterial einem verstärkten Abbau durch Mikroorganismen unterliegen. Für Humussubstanzen wird das nicht anders sein, als wenn in einem Gemisch, etwa von Zucker und Eiweiß, der Zucker als die bessere Kohlenstoffquelle dieses vor dem Abbau schützt. So hat man denn auch die Erfahrung gemacht, daß im Ackerboden der Abbau des Kohlenstoffs dem Abbau des Stickstoffs vorausläuft. v. RIGLER fand z. B. folgendes:

Innerhalb 2 Jahren wurden zersetzt in % des Anfangsgehaltes:

	In Sand	In Walderde	In Sand, vermischt mit der 4fachen Menge trockenen Pferdedüngers
C	40—45	65—70	75—80
N	0—12	18—20	60—62

So schnell vollziehen sich die Umsetzungen unter natürlichen Verhältnissen allerdings nicht, unter denen man kaum mit höheren Zahlen als jährlich 5% des Kohlenstoffs und 1% des Stickstoffs wird rechnen können. Meist werden sie tiefer liegen (vergl. auch die unten S. 126 folgenden Berechnungen des N-Umsatzes).

Schließlich wird sich einigermaßen ein Gleichgewicht im Stickstoffgehalt der Humussubstanzen herstellen müssen, das im Ackerboden wohl früher erreicht wird als in Wald- oder sonstigen Naturböden, da hier ja nicht viel organische Substanz in den Boden gelangt, oder diese, wenn es der Fall ist, als Stalldünger oder Gründünger bereits reich an Stickstoff ist. Dieses Gleichgewicht würde bedingt sein durch die Art und Weise, wie der Stickstoff in die Humussubstanzen organisch gebunden eingehen kann. Solange man aber darüber keine genaueren Kenntnisse hat, vermag man natürlich auch über den Ablauf der Humifizierung nichts Sicheres auszusagen, wenn es sich überhaupt um chemisch einigermaßen einheitliche Vorgänge handelt.

Es mag hier nur noch erwähnt werden, daß der Humus von Ackererde einen Stickstoffgehalt von etwa 3—4% besitzt, was bei einem Gehalt des Bodens an organischer Substanz von 2,5% einem Stickstoffgehalt von 0,1% (bei 4% N der Humussubstanzen) entsprechen würde. Hier ist das Kohlenstoff-Stickstoff-Verhältnis schließlich auf etwa 10/1 gesunken; es ist somit, gemäß den oben S. 65 u. 73 mitgeteilten Erfahrungen, eine Mineralisation des Stickstoffs ohne weiteres gewährleistet, die allerdings beschränkt ist durch die schwere Angreifbarkeit der Humussubstanzen.

Diese schwere Angreifbarkeit ist nun für die Stickstoffsubstanzen des Humus besonders charakteristisch. Man muß sich das so vorstellen, daß der Stickstoff hier wohl in heterozyklischer Bindung vorliegt. Für die Melaninbildung hat man auch bereits eine ungefähre Vorstellung, wie man sich diesen

Übergang zu denken hat (vergl. Theor. Mikrobiol. S. 112 f). Erfahrungsgemäß sind aber solche heterozyklischen Verbindungen für Mikroorganismen verhältnismäßig schwer angreifbar.

Versuche von A. KOCH mögen noch einige Ergänzungen zu diesen Ausführungen bringen. Es wurde dabei die Mineralisation des Stickstoffs ein und desselben Bodens, der aber aus verschiedener Tiefe entnommen wurde, untersucht.

Bodentiefe	0—20	21—40	41—60	61—80 cm
Stickstoffgehalt % . . .	0,132	0,115	0,083	0,070
Ernte der ersten 4 Jahre	205,3	93,6	65,8	50,4 g
Stickstoff darin.	1697	799	511	380 mg
% des Bodenstickstoffs aufgenommen	2,22	1,29	1,12	1,01
Ernte der Jahre 13—16.	69,3	68,1	58,7	44,0 g
Stickstoff darin.	616	620	424	371 mg
% des Bodenstickstoffs aufgenommen	0,94	0,96	1,10	0,96

Daß die Ernte in dem Boden von geringerer Tiefe höher ist, in Übereinstimmung mit dem höheren Stickstoffgehalt, verglichen mit tieferen Schichten, ist natürlich klar. Aber man sieht, daß in den tieferen Schichten auch die prozentische Ausnutzung wesentlich heruntergeht, in der tiefsten Schicht noch nicht einmal die Hälfte der in der Ackerkrume gefundenen Ausnützung beträgt. Weiterhin sieht man jedoch, daß nach einer Reihe von Jahren diese Verhältnisse sich völlig ausgeglichen haben, indem zwar die oberste Schicht infolge des absolut höheren N-Gehaltes noch höhere Erträge ergibt, die prozentische Ausnützung des Bodenstickstoffs aber gleich geworden ist. Es scheint also tatsächlich, daß im Ackerboden das Gleichgewicht in der Bindung des Stickstoffs durch die Humusstoffe ziemlich schnell erreicht ist. Daß dies unter natürlichen Verhältnissen im Ackerboden sich schneller vollziehen wird als in dem infolge der ungünstigen Bedingungen des Mikroorganismenlebens nur sehr langsam und unvollkommen der Zersetzung unterliegenden Torf, dürfte klar sein.

Die langsame Mineralisation des Bodenstickstoffs ist natürlich von großer Bedeutung insofern, als sie eine lang anhaltende Belieferung der Pflanzen mit Stickstoff gestattet, wofür unten noch ein Beispiel gegeben wird.

Welche Mikroorganismen in der Hauptsache diese Mineralisation des Stickstoffs der Humussubstanzen durchführen, ist noch nicht bekannt. Abgesehen davon, daß man Zweifel in die Reinheit der verwendeten Präparate setzen kann, ist es auch noch nicht geglückt, einen einwandfreien Beweis dafür zu erbringen, daß Mikroorganismen Humus als einzige Kohlenstoffquelle verwerten können, höchstens vielleicht für Harnstoffbakterien durch CHRISTENSEN. So muß man einstweilen entweder annehmen, daß die Bedingungen im Boden ganz andere sind als in Reinkulturen, oder daß im Boden eine noch nicht bekannte Mikroflora (vielleicht die autochtone Flora WINOGRADSKYS, S. 11) in dieser Richtung wirksam ist.

Der Abbau der Humussubstanzen im Boden und die Belieferung der höheren Pflanzen mit dem mineralisierten Stickstoff müssen nun noch von einem anderen für den Kreislauf der Stoffe höchst wichtigen Gesichtspunkt aus betrachtet werden. Wir unterscheiden dabei, um die Frage etwas zu vereinfachen bzw. zu schematisieren, zwei Typen von Böden: die sauren Humusböden und die mehr oder weniger neutralen Ackerböden.

In den sauren Humusböden haben wir ein Substrat, welches die Aufnahme löslicher Stickstoffverbindungen durch die höheren Pflanzen erschwert, bzw. sogar verhindert. Etwa in den Rohhumusböden der Wälder sehen wir eine große Menge von stickstoffarmen Verbindungen, namentlich Zellwandbestandteile (von den abfallenden Laub-, bzw. Nadelmassen und Ästen), die ein reiches Mikroorganismenleben ermöglichen, damit aber auch eine Festlegung des Stickstoffs zu Mikroorganismeneiweiß bedingen. Die saure Reaktion wird weiter die Tätigkeit der stärker mineralisierenden Bakterien hemmen, dagegen noch eine reiche Entfaltung einer Pilzflora ermöglichen. Infolge der größeren Massenbildung wird sich die Festlegung des Stickstoffs durch Pilze besonders stark bemerkbar machen. Es wird hier also ein schärfster Konkurrenzkampf herrschen zwischen höheren Pflanzen und Pilzen um den löslichen Stickstoff des Bodens. In der Tat hat die höhere Pflanze nun ein Mittel gefunden, sich durch Ausnützung der Pilze den Bodenstickstoff unmittelbar zugänglich zu machen. Das ist der schon von STAHL erkannte Sinn der Mycorrhizabildung, wie sie sich gerade auf solchem Boden in schönster Ausbildung findet.

In extremer Ausbildung unterscheidet man die ektotrophe und die endotrophe Mycorrhiza, beide aber durch Übergänge verbunden, so daß MELIN z. B. noch den ektendotrophen Typ unterscheidet. Im Falle der ektotrophen M., wie sie sich hauptsächlich bei unseren Waldbäumen, Kupuliferen, Betulaceen, Koniferen findet, ist die Wurzel von einem Geflecht von Pilzfäden umsponnen, die auch bis in die subepidermalen Rindenzellen eindringen; bei dem gleichen Exemplar kann jedoch der Pilz auch in tiefere Rindenschichten eindringen und unterliegt dort einer regelrechten Verdauung. Morphologisch ist ein einfacher Typus, ferner die „Gabel"- (dichotom verzweigte Kurzwurzeln) und die „Knollen"-Mycorrhiza, selbst bei einer Pflanzenart zu unterscheiden. MELIN hat die Synthese dieser Mycorrhiza aus Reinkulturen der Pilze und den pilzfreien Bäumchen durchführen können und hat festgestellt, daß es sich dabei um die allbekannten Hutpilze des Waldes handelt und z. B. folgende Mycorrhizen verwirklicht sein können:

Pinus silvestris (Kiefer): Boletus badius, granulatus, luteus, variegatus, Amanita muscaria (Fliegenpilz), Cortinarius mucosus, Lactarius deliciosus (echter Reizker), Russula fragilis.

Pinus montana (Bergkiefer): Dieselben, außer Amanita muscaria, ferner noch Tricholoma virgatum.

Larix europaea (Lärche): Boletus elegans, luteus, variegatus, Amanita muscaria, Cortinarius camphoratus, Tricholoma psammopus.

Picea abies (Weißtanne): Amanita muscaria, Cortinarius balteatus, Lactarius deliciosus.

Populus tremula (Espe): Boletus scaber (Birkenpilz), rufus.

Betula verrucosa (Birke): Boletus edulis (Steinpilz), rufus, scaber, Amanita muscaria, Tricholoma flavobrunneum.

Man sieht also, daß eine ungeheuere Mannigfaltigkeit herrscht, indem einerseits eine Baumart mit sehr verschiedenen Pilzen Mycorrhiza bilden kann und andererseits der gleiche Pilz, z. B. der Fliegenpilz, an verschiedenen Baumarten, Laub- und Nadelhölzern, Mycorrhiza bilden kann. Weitere Kenntnis wird wohl noch weitere Mannigfaltigkeit aufdecken. Jedenfalls muß das Zusammenleben als sehr locker angesprochen werden. Bei genügendem Nährstoffvorrat kann der Baum ohne die Pilze völlig normal gedeihen. Auch erfolgt die Infektion der Pflanze sekundär vom Boden aus, eine zyklische Symbiose (S. 59) liegt nicht vor.

XXI. Bildung und Zersetzung der Humusstoffe (Fortsetzung).

Mycorrhiza, Fortsetzung (Bedeutung, Gegensatz zu den Kulturpflanzen). Fällung und Lösung anorganischer Stoffe.

Irgend ein Hinweis auf eine Stickstoffbindung durch den Pilz der Mycorrhiza hat sich nicht ergeben. Man muß vielmehr annehmen, daß der Pilz die organischen Humusstoffe des Bodens aufschließt und deren Nährstoffgehalt der Pflanze, die ihn verdaut, zugänglich macht. In erster Linie ist hierbei an den Stickstoff zu denken; doch ist nicht ausgeschlossen, daß auch Phosphor usw. in Betracht kommen kann. Der Sinn der Mycorrhizabildung ist also der, daß die Pflanze sich den Konkurrenten um die Nährsalze eingefangen hat und ihn zwingt, sie unmittelbar mit diesen Stoffen zu versorgen, die sie auf dem Wege der geregelten Mineralisation auf ihrem Substrat nicht zu erwerben vermag.

Mycorrhiza von mehr endotrophem Typ, bei der der Pilz hauptsächlich in der Wurzel zu finden ist, nach außen mehr oder weniger zahlreich Emissionshyphen treten, finden sich bei Orchideen, Gentianaceen, Ericaceen, Lycopodiaceen usw. Die verpilzten Wurzeln sind bei dieser Mycorrhiza stets sehr schwach entwickelt und mehr oder weniger angeschwollen; sie zeigen schon äußerlich, daß sie sich nicht wie andere Wurzeln die Nahrung im Boden zusammensuchen müssen. Etwa in der dritten bis fünften Rindenschicht findet sich der Pilz entweder in „Verdauungszellen“, in denen er der Verdauung seitens der Pflanze unterliegt, oder in „Pilzwirtszellen“, in denen er, bei ausdauernden Pflanzen, die Infektion in das nächste Jahr hinüber bringt. Außerdem treten Hyphen nach außen („Emissionshyphen“) und stehen dort mit Pilzhyphen des Substrates in Verbindung.

Auch hier findet die erste Infektion von außen her am Keimling statt, handelt es sich also auch nicht um eine zyklische Symbiose. Bei den Orchideen z. B. erfolgt die Infektion durch das Suspensorium des keimenden Samens, das später, nach dem weiteren Vorwärtsdringen des Pilzes, abstirbt, oder an erwachsenen Teilen durch Wurzelhaare usw. Auch bei dieser Mycorrhiza ist der Sinn der gleiche, wie es für die ektotrophe Mycorrhiza ausgeführt wurde.

Für gewisse Orchideen wenigstens kommt aber noch eine weitere Aufgabe des Pilzes hinzu, wie kürzlich Burgeff an tropischen Orchideen zeigen konnte. Viele dieser Orchideen führen nämlich kein Chlorophyll, wie von einheimischen Arten z. B. *Neottia nidus avis*, *Corallorhiza* u. a., mit ihrem korallenartig verzweigten, wie ein Vogelnest in der Erde sitzenden Wurzelwerk. Z. T. werden hier Wurzeln überhaupt nicht mehr ausgebildet; es findet sich dann lediglich ein den Pilz führendes verdicktes Rhizom. Zwischen solchen Saprophyten und Orchideen mit selbständiger Ernährung gibt es alle möglichen Übergänge. Als sicher hat sich jedoch erwiesen, daß in diesem Falle der Pilz die fehlende oder mangelhafte *Versorgung der Pflanze mit Kohlenstoffverbindungen* übernimmt, die natürlich auch aus den organischen Stoffen des Bodens erfolgt. Wie weit allerdings die eigentlichen Humusstoffe dabei beteiligt sind, vermag man noch nicht zu sagen.

Diese Belieferung der Pflanze mit organischen Kohlenstoffverbindungen mag auch der Grund dafür sein, daß Orchideensamen ohne den Pilz vielfach nicht keimen und sich weiter entwickeln. Die Samen der Orchideen sind nämlich extrem nährstoffarm. In der Tat entwickeln sie sich auch steril auf kohlenhydrathaltigem Nährboden im Reagensglas und im Dunkeln, wie z. B. BURGEFF wenigstens für einige Fälle nachweisen konnte.

Bei den Pilzen wenigstens der Orchideen handelt es sich ebenfalls um Basidiomyceten, die auch in Reinkultur gezogen und mit denen die Mycorrhiza der betreffenden Pflanzenart synthetisiert werden konnte; Marasmius coniatus (mit unserem Musseron verwandt) erwies sich z. B. als der Symbiont der Orchideengattung Didymoplexis. In anderen Fällen der Mycorrhiza werden auch Ascomyceten in Frage kommen, wie es S. 59f. für das Zusammenleben von Calluna mit ihrem Pilz erwähnt wurde.

In der Natur spielt diese unselbständige Ernährung höherer Pflanzen durch ihren Mycorrhizapilz eine außerordentlich große Rolle. Man kann damit rechnen, daß rund $^{3}/_{4}$ von ihnen Mycorrhiza führen. Sie scheint nur bestimmten Pflanzenfamilien, wie Cruciferen und Cyperaceen, sowie untergetaucht in Wasser lebenden Pflanzen zu fehlen. Wie steht es nun mit unseren Kulturpflanzen in dieser Hinsicht? Auch hier hat man für Kartoffeln, Weizen und andere eine Art Mycorrhiza behauptet. Wenn das auch, was keineswegs sicher bewiesen ist, möglich sein könnte, so würde es sich jedoch anscheinend sicherlich nicht um ein so ausgeprägtes Zusammenleben handeln können, wie wir es soeben kennen gelernt haben. Wir müssen vielmehr für unsere Kulturpflanzen eine selbständige Ernährungsweise annehmen.

Entscheidend hierfür sind die Verhältnisse im Ackerboden. Hier ist zwar auch der Stickstoff, um den es sich ja im wesentlichen handelt, festgelegt, aber in einem zum Kohlenstoff so günstigen Verhältnis, wie wir gesehen haben, daß der lösliche Stickstoff nicht weiter festgelegt wird, sondern darüber hinaus der Abbau der Kohlenstoffverbindungen zwangsmäßig zu einer Mineralisation auch des Stickstoffs führt. Jedenfalls ist es den höheren Pflanzen möglich, auf diese Weise sich genügend Stickstoff zugänglich zu machen, wobei wir allerdings diese „genügenden Stickstoffmengen" nicht vom Bedarf unserer hoch gezüchteten

Kulturpflanzen aus auffassen dürfen, sondern etwa so, wie sich in einem Steppenboden das natürliche Pflanzenwachstum darstellen würde. Einem solchen Steppenboden gleicht denn auch unser Ackerboden vollkommen, und es ist sicher kein Zufall, daß auch unsere hauptsächlichsten Kulturpflanzen, namentlich Getreide, offenbar von solchen Steppenpflanzen abstammen. Jedenfalls stammen sie nicht von Pflanzen ab, die in der Natur, wenn wir von der Knöllchenbakteriensymbiose der Leguminosen absehen, sich mit Hilfe einer Mycorrhiza nur schwierig mit Nährsalzen, namentlich Stickstoff, versorgen können.

Es ist weiterhin sicherlich kein Zufall, daß wir diesen selbständig sich ernährenden Pflanzen große Mengen an Nährstoffen zuführen und sie auf diese Weise zu immer höherer Massenbildung treiben können, wie wir das bei der Verwendung von dem die natürliche Mineralisation ersetzenden Kunstdünger in der praktischen Landwirtschaft sehen. Eine typische Mycorrhizapflanze, etwa eine Orchidee oder Gentianacee, könnten wir nicht in dieser Weise ausbeuten. Man sieht also, wie die Landwirtschaft mit einem bestimmten Typ der Abhängigkeit der Pflanzenernährung von der chemischen und mikrobiologischen Beschaffenheit des Bodens arbeitet und bei Gewinnung von Ackerland aus Wald und Moor die auf diesem Substrat ursprünglichen Verhältnisse des Mycorrhizatyps der Ernährung der Pflanzen in die selbständige Mineralisationsernährung umwandeln muß, wenn sie ihre Kulturpflanzen anbauen will.

Bisher haben wir das Schicksal der anorganischen Stoffe, die in den Kreislauf der Organismen einbezogen werden, nur von dem Gesichtspunkte aus betrachtet, daß sie in irgendeiner Weise am Stoffwechsel der Organismen selbst beteiligt sind. Es bleibt noch übrig, einen kurzen Blick auf einige damit sekundär zusammenhängende Erscheinungen zu werfen. Diese vollziehen sich nach 2 Richtungen: in der Lösung oder der Fällung anorganischer Stoffe.

Die Lösung anorganischer Stoffe kann in seltenen Fällen direkt erfolgen, wenn z. B. beobachtet wurde, daß schwefeloxydierende Bakterien Pyrit (Eisenkies) und Zinkblende zu Sulfaten zu oxydieren vermögen. Im allgemeinen wird man aber mit indirekten Wirkungen gebildeter Säuren zu rechnen haben. Hier kommt zunächst die Kohlensäure in Betracht. Bassalik hat z. B. festgestellt, daß Bakterien, wie B. extorquens, die keine andere Säure als Kohlensäure zu bilden vermögen, doch aus Silikaten merkbare Mengen von Kalium in Lösung zu bringen vermögen, wobei zweifellos auch der unmittelbare Kontakt mit dem Gestein vorteilhaft wirkt, da die am meisten Kohlensäure bildende Hefe nicht so stark aufschloß wie Bakterien. Zweifellos wird auch die Lösung der Phosphorsäure im Boden durch die von Mikroorganismen gebildete Kohlensäure begünstigt, wie man ja schon rein chemisch nachweisen kann. Es ist allerdings noch nicht möglich, den Anteil der Mikroorganismen quantitativ abzuschätzen.

Es liegt nahe, den von Mikroorganismen vielfach gebildeten organischen Säuren einen wesentlichen Einfluß dabei einzuräumen. In der Tat erzielt man z. B. durch Milchsäure bildende Bakterien, wie B. coli in Nährlösung mit Traubenzucker und Tricalciumphosphat eine weitgehende Lösung der Phosphorsäure, wie folgendes Beispiel nach Drewes zeigt.

Nach Tagen	p_H	ccm $^n/_{10}$ Na OH	mg P_2O_5 gelöst	P_2O_5 gelöst in %	Keimzahl je 1 ccm
0	6,2	0,5	20,8	—	—
2,5	5,6	1,3	58,0	18,6	600 000 000
5	4,6	2,4	73,6	26,3	120 000 000
7,5	4,2	2,9	86,0	32,5	2 000 000
10	4.6	3,3	102,8	40,9	69 100 000
15	4,0	4,2	129,6	54,1	170 000
20	4,3	4,8	149,2	63,9	530 000
25	4,6	4,7	160,2	69,3	1 100 000

Es kann jedoch nicht entschieden werden, ob tatsächlich die gebildete Milchsäure die Lösung herbeiführte; denn das Steigen der Titrationsacidität besagt in dieser Hinsicht nichts, da auch die gelösten Phosphate eine bestimmte Titrationsacidität ergeben. Man kann auch bezweifeln, ob derartige Bakterien im Erdboden überhaupt eine zur Milchsäurebildung geeignete Kohlenstoffquelle finden. Auch für die bei der Cellulosezersetzung gebildeten organischen Säuren könnte man annehmen, daß sie vielleicht sofort weiter von Begleitbakterien verarbeitet würden, bevor sie ihre lösende Wirkung auf die anorganischen Bestandteile des Bodens ausüben könnten.

Außer der Kohlensäure werden von gewissen Mikroorganismen aber auch starke anorganische Säuren gebildet, Salpetersäure und Schwefelsäure, die zweifellos ebenfalls zu manchen Lösungserscheinungen in der Natur beitragen. Der Wirkung der Salpetersäure schreibt man die Beschaffenheit des Faulhorns in der Schweiz zu, dessen Gestein oberflächlich so zermürbt ist, daß dieser Umstand dem Berg den Namen gegeben hat. Die

Ursache soll Salpetersäure sein, die aus dem mit Niederschlägen auf den Felsen gespülten Ammoniak gebildet wird. DÜGGELI hat kürzlich auch festgestellt, daß ein beobachtetes Zerfressenwerden von Zementröhren zweifellos auf die Tätigkeit der nitratbildenden Bakterien zurückzuführen war, da diese dort weit zahlreicher vertreten waren als in der sonstigen Umgebung.

Wesentlich bedeutsamer aber dürfte die Wirkung der aus Schwefelverbindungen gebildeten Schwefelsäure sein, die allgemein ein nicht unwichtiger Faktor bei Gesteinsverwitterung zu sein scheint. Bekanntlich findet man an Mauern, Steinbruch- und Felswänden oft „Ausblühungen", die so zustande kommen, daß dort Wasser austritt, aus dem sich die darin gelösten Salze nach dem Verdunsten des Wassers ausscheiden. Man glaubte bis vor nicht allzu langer Zeit, daß es sich um Salpeter handele; ebenso verhält es sich mit den „Salpetersteinen" in Mauerwerk. BLANCK konnte jedoch zeigen, daß diese Salze in der Hauptsache aus Sulfaten bestehen. Die Zusammenhänge muß man sich folgendermaßen vorstellen:

Es wurde oben S. 104 schon gezeigt, daß in den Humussubstanzen die weitaus überwiegende Menge des im Boden befindlichen Schwefels in organischer Form vorhanden ist. Bei der Oxydation der Humusbestandteile wird dieser organisch gebundene Schwefel zu Schwefelsäure oxydiert, die u. U. nicht genügend Basen zur Neutralisation vorfindet, wie z. B. dann, wenn eine starke Humusauflagerung von Waldboden vorhanden ist. Die Schwefelsäure wird also teilweise in freier Form in das darunter liegende Gestein einsickern und dort ihre lösende Wirkung entfalten. Die Sulfate kommen dann in der geschilderten Weise zum Vorschein. Es mag hier darauf hingewiesen werden, daß nach der Ansicht von KAPPEN die saure Beschaffenheit des Hochmoores auf freie Schwefelsäure zurückzuführen sei, deren Entstehung man sich auf die geschilderte Weise zu denken hätte. Auch wenn die mikrobiell gebildete Schwefelsäure unmittelbar am Orte der Entstehung abgesättigt wird, würde sie natürlich in Ausblühungen als Sulfat zum Vorschein kommen müssen.

Für den Kreislauf der Stoffe beachte man die mannigfachen energetischen Umsetzungen, die sich bei dem geschilderten Vorgang abspielen. Zunächst werden von der grünen Pflanze Sulfate aufgenommen, von denen dann ein kleiner Teil unter Energieaufwand reduziert und zum Aufbau der schwefelhaltigen organischen Verbindungen verwendet wird. Der weitaus größte Teil bleibt jedoch in der Sulfatform erhalten. Ein Teil des organisch gebundenen Schwefels oder auch der ganze Anteil, ferner sicher auch ein Teil des Sulfatschwefels (dieser wieder unter Reduktion, wobei die notwendige Energie auf dem Wege der Veratmung organischer Stoffe durch Mikroorganismen gewonnen wird) geht organisch gebunden in den Humusschwefel über, u. U. über die Festlegung in Mikroorganismensubstanz, von der oben S. 60 f. gesprochen wurde; durch Oxydation kann aus diesem organisch gebundenen Schwefel Schwefelsäure gebildet werden. Man sieht also, wie auf diese Weise durch die grüne Pflanze oder die Mikroorganismen der Schwefel in eine Bindung mit potentieller Energie übergeführt wird, deren teilweiser Abbau bei der nachfolgenden Oxydation zur Entstehung der freien Schwefelsäure führt, die somit auf diesem Umwege den Energiehub erfahren hat, der nötig wäre, wenn wir aus Sulfaten direkt freie Schwefelsäure herstellen wollten.

Die Fällung anorganischer Stoffe haben wir bei Besprechung der Eisenbakterien S. 99 bereits erwähnt. Hier sei noch darauf hingewiesen, daß man auch die Entstehung ungeschichteter Kalksteine durch Tätigkeit von Mikroorganismen erklärt. Es scheint, daß solche Gesteine sich in seichten Meeresbuchten bilden und bei langsamer Senkung des Meeresbodens allmählich an Mächtigkeit zunehmen können. Jedenfalls zeigte sich bei Untersuchungen von Bavendamm, in Gegensatz zu früheren Anschauungen, in diesem Schlamm eine reiche Bakterienflora (vgl. S. 138). Bei der Ausfällung des Kalkes können für den als Bicarbonat gelösten Kalk alle Mikroorganismen in Frage kommen, die das Substrat alkalisieren können (Ammoniakbildner, denitrifizierende Bakterien usw.), ferner für den als Calciumsulfat gelösten Kalk sulfatreduzierende Bakterien, die das Calciumsulfat zu Calciumsulfid reduzieren, das sich mit Kohlensäure zu kohlensaurem Kalk und Schwefelwasserstoff umsetzt.

Erwähnt sei hier noch, daß Brussoff kürzlich ein Bacillus mycoides nahestehendes Bakterium auffand, das in bemerkenswert intensiver Weise im Innern Kieselsäure abscheidet, die es in gelöster Form aus dem Substrat aufnimmt.

XXII. Die mikrobiologische Beeinflussung des Bodens.

Allgemeines. Möglichkeit einer Stickstoffbindung (Kohlenstoffgehalt des Bodens als begrenzender Faktor. Symbiose freilebender N-Binder mit Algen. Daueranbau. Brache).

Die praktische Landwirtschaft hat vor allem Interesse an der Frage, wie weit man den Boden mikrobiologisch beeinflussen kann, um durch solche Maßnahmen unmittelbaren praktischen Erfolg in Hinsicht auf eine Mehrproduktion zu erzielen. Es ist nun klar, daß alle Maßnahmen des Ackerbaus, die sich auf die Bodenbearbeitung im weitesten Sinne, also einschließlich Dränage, Kalkung usw., wo solche sich als notwendig erweist, erstrecken, nicht nur unmittelbar auf das Gedeihen der Kulturpflanzen einwirken, sondern auch mittelbar durch allgemeine Beeinflussung der Mikroflora. An vielen Beispielen haben wir gesehen, daß die Ansprüche eines geregelten Mikroorganismenlebens, wenn wir diesen Ausdruck vom Standpunkt des Ackerbodens aus gebrauchen wollen, mit den Ansprüchen der Kulturpflanzen parallel gehen.

Man könnte fast sagen, daß man alle, die mikrobiologischen Umsetzungen fördernden Maßnahmen auch in einem Boden ergreifen würde, in dem wir auf die Tätigkeit der Mikroorganismen verzichteten, wie es bis zu einem gewissen Grade bei der künstlichen Düngung ja der Fall ist. Selbstverständlich ist das nicht so zu verstehen, daß die Tätigkeit der Mikroorganismen im Grunde genommen überflüssig sei; denn Kohlensäurebildung, Bildung der Humusstoffe, der natürliche Stickstoffvorrat des Bodens sind Eigenschaften eines Bodens, die wir ohne Mikroorganismen nur mit einem ungeheueren Aufwand an technischen Hilfsmitteln würden herstellen können, der den Erfolg nicht lohnen würde.

Darüber hinaus fragt es sich, ob wir einzelne mikrobiologische Vorgänge nutzbringend steigern können. Hier ist vor allem an die Stickstoffbindung zu denken, da ja der Stickstoff in der Natur als hauptsächlichster Minimumfaktor auftritt und grundsätzlich ja auch, wie wir S. 48 gesehen haben, eine Erhöhung der Stickstoffbindung im Boden möglich ist. Das ist immerhin eigenartig, da man von vornherein annehmen könnte, daß die im Boden vorhandenen Mengen an löslichem Stickstoff eine Stickstoffbindung unterdrücken würden. Denn wenn man die niedrigen Werte von 1 mg Nitratstickstoff auf 100 g Boden mit 20% Wasser annimmt, so wären das 5 mg Stickstoff auf 100 ccm Flüssigkeit, während im Versuch eine Sistierung der N-Bindung bereits bei 0,5—1,0 mg N je 100 ccm (S. 41) gefunden wurde. Aber eine Zufuhr etwa von Zucker scheidet sowieso von vorherein aus. Man vergegenwärtige sich Folgendes: Wenn wir die N-Bindung von Azotobacter (10 mg je 1 g verbrauchten Zucker) annehmen, so müßten, damit 50 kg N je 1 ha gebunden würden, was einer normalen Stickstoffdüngung entsprechen würde, 50 dz Zucker dem Acker zugeführt werden. Das entspricht aber gerade dem Ertrag einer Zuckerrübenernte, die somit ganz für die Stickstoffbeschaffung wieder eingesetzt werden müßte.

Man kann noch eine andere Berechnung anstellen: Nimmt man die ungefähre Normalzahl einer Kohlensäureproduktion von 8000 kg je 1 Jahr und 1 ha an, so würden ihr 5480 kg Traubenzucker entsprechen, wenn wir uns die Kohlensäure ganz daraus entstanden denken. Bei der erwähnten Höhe der Stickstoffbindung würde das aber 54,8 kg gebundenem Luftstickstoff entsprechen. Hierbei wäre also Voraussetzung, daß im Boden nur die Mikroorganismen der Stickstoffbindung tätig waren. Jeder von den übrigen veratmete Kohlenstoff wird in der Stickstoffbindung ausfallen. Man kann schon hieraus ersehen, daß im Boden nur ein Bruchteil der umgesetzten Energie der Stickstoffbindung zugute kommen könnte.

Es bliebe also nur übrig, ein anderes Kohlenstoffmaterial dem Boden zuzuführen. Doch hat merkwürdigerweise A. Koch mit einer Cellulosedüngung im Pflanzenversuch keinen Erfolg gehabt, indem in einem 11jährigen Versuch sich folgende Gesamternte ergab:

	Boden allein	+ 120 g Papier	Papier + Mistauszug	Mistauszug allein
g Trockensubstanz	259,5	243,0	260,8	266,7

Der Mistauszug war beigefügt worden, um die vielleicht nicht genügend vorhandenen Cellulosezersetzer hineinzubringen. Chemisch analytisch hatte er dagegen N-Bindung nachweisen können, die mit 9,9 mg N je 1 g verbrauchter Cellulose sogar noch höher war als bei Zusatz von Glucose (6,5 mg N gebunden je 1 g verbrauchte Glucose; vgl. den Versuch von Pringsheim S. 45).

Als eine weitere Kohlenstoffquelle ständen grüne Pflanzen zur Verfügung, insbesondere Algen, welche stickstoffbindende Bakterien mit Kohlenstoffnahrung versorgen könnten. Daß sie organische Stoffe ausscheiden, wurde von Roberg gezeigt. Braarud hat sogar festgestellt, daß marine Chlamydomonas-Arten bis zu 30% der photosynthetisch von ihnen gebildeten organischen Substanz in das Substrat ausscheiden. Auch die durch Zusammenleben mit stickstoffbindenden Bakterien erfolgte Bindung von elementarem Luftstickstoff konnte gezeigt werden. Schroeder fand mg Stickstoff gebunden in 50 ccm Nährlösung nach 48 Tagen:

ungeimpft	0,08
Chlorella	0,20
Azotobacter + Chlorella .	2,02.

Tatsächlich kommt auch Azotobacter, wie S. 43 u. 58 erwähnt wurde, vielfach mit Algen vergesellschaftet vor. In mit Sand gefüllten Glasgefäßen fanden DEHÉRAIN-DEMOUSSY in den belichteten, einen grünen Algenanflug zeigenden Teilen einen N-Gehalt von 80 mg auf 100 g Sand gegenüber 4 mg in den unbelichteten Teilen und BOUILLHAC-GIUSTIANI erzielten mit Mais in Gegenwart von Algen einen auf N-Gewinn zurückzuführenden Mehrertrag:

Ungeimpft	4,7 g	Trockensubstanz	mit	15,4 mg Stickstoff
Geimpft mit Algen .	6,6 g	„	„	46,4 mg „

Es fragt sich natürlich nur, ob im Ackerboden eine genügend starke Algenentwicklung möglich ist, die eine merkliche Stickstoffbindung herbeiführen könnte, was man mit gutem Grunde bezweifeln kann. Denn nur in der alleroberstenSchicht werden die Belichtungsverhältnisse eine Algenentwicklung ermöglichen; diese trocknet aber auch am ehesten aus, und die Algenflora wird durch die Bodenbearbeitung vielleicht zu oft gestört, um sich genügend entfalten zu können. Daß Algen im Boden überhaupt vorkommen, beweist nicht, daß sie hier auch photosynthetisch arbeiten, da Versuche von BRISTOL-ROACH gezeigt haben, daß man sie wochenlang in organischer Nährlösung kultivieren kann, ohne daß sie ihr Chlorophyll verlieren. Quantitatives läßt sich über die Tätigkeit der Algen im Boden noch nicht aussagen. In Teichen, bzw. im Wasser überhaupt, liegen diese Verhältnisse möglicherweise viel günstiger; jedenfalls hat man dort ein recht hohes Stickstoffbindungsvermögen festgestellt.

Endlich wäre noch in Betracht zu ziehen, ob es nicht Bakterienarten oder Stämme gebe, die sich durch ein weitaus energischeres Vermögen zur Stickstoffbindung auszeichnen als dies bei Azotobacter und Amylobacter der Fall ist; oder auch, ob diese Bakterien in der freien Natur vielleicht energischer arbeiteten. Doch ist das alles auch nicht zu erwarten, da erfahrungsgemäß alle mikrobiologischen Vorgänge im Laboratorium intensiver verlaufen als in der freien Natur. Auch die Möglichkeit der Auffindung besonders wirksamer Katalysatoren ist nicht sehr wahrscheinlich, da man bei allen Laboratoriumsuntersuchungen mit Boden oder Humussubstanzen nicht wesentlich über die Normalzahl von 10 mg gebundenem Stickstoff je 1 g verbrauchte Kohlenstoffquelle hinaus kam.

Einstweilen jedenfalls bleibt nichts anderes übrig als zuzusehen, ob sich bei Versuchen unter den Verhältnissen der Praxis Andeutungen für eine wesentliche Stickstoffbindung ergeben. Hierbei müssen wir ausdrücklich noch einmal betonen, daß bei dieser Betrachtung selbstverständlich die Leguminosen mit ihrer einwandfrei festgestellten und praktisch lohnenden Stickstoffbindung ausscheiden, alle diese Ausführungen sich also nur auf die Tätigkeit der frei lebenden Stickstoffbinder erstrecken.

Es sei hier nur festgestellt, daß in der Gründüngung der von den Leguminosen gebundene Stickstoff anderen Pflanzen vermittelt wird (vgl. S. 76). Wenn auch Nicht-Leguminosen, etwa Senf, als Gründüngungspflanzen gebaut werden, so ist der Erfolg keine Stickstoffbindung, wohl aber eine Stickstofferhaltung, indem der als Salpeter aufgenommene Stickstoff der winterlichen Auswaschung entzogen und im Boden erst langsam wieder mineralisiert wird. Außerdem beugt auch diese Gründüngung selbstverständlich einer Verarmung des Bodens an Humussubstanzen vor.

Eine Stickstoffbindung hatte seiner Zeit Kühn in Halle bei den Feldern mit ewigem Roggenbau angenommen; doch war dieser Schluß so zustande gekommen, daß ein zufällig günstiges, späteres Jahr mit dem Durchschnitt einiger früherer Jahre verglichen war und dabei eine noch höhere Ernte gezeigt hatte. Die Schwankungen der einzelnen Jahre sind aber infolge der sonstigen wechselnden Verhältnisse vornehmlich der Belichtung und Feuchtigkeit so groß, daß vergleichbare Werte nur in längeren Zeiträumen und beim Vergleich einer Gruppe aufeinander folgender Jahre gewonnen werden können. Die Zahlen von Halle stellen sich nach der kürzlich veröffentlichten Zusammenstellung von Roemer demgemäß folgendermaßen:

Düngung	Körner dz je ha			
	1.	2.	3.	4. Jahrzehnt
Ungedüngt	22,27	18,68	15,62	12,34
Kalium, Phosphor, mineralisch	22,99	19,08	16,71	14,00
Kalium, Phosphor, Stickstoff, mineralisch	30,21	29,09	25,87	21,31
Stickstoff, mineralisch	29,26	26,28	21,76	17,44
Stallmist	27,61	25,83	26,26	22,84

Man sieht deutlich, daß auf allen Teilstücken allmählich die Erträge sinken, wobei natürlich die Verschlechterung der Bodenbeschaffenheit infolge des dauernden Anbaus einer Pflanzenart eine wesentliche Rolle spielt. Aber jedenfalls fallen die Erträge der Teilstücke ohne jede Stickstoffzufuhr ganz besonders stark ab, und auch die volle Mineraldüngung mit Stickstoff vermag sich, trotz anfänglicher Überlegenheit, auf die Dauer nicht gegenüber einer regelmäßigen Stallmistzufuhr zu halten.

Hier tritt nun die Überlegenheit einer regelmäßigen Zufuhr von organischer Substanz zum Boden schön hervor, und es kann der Schluß gezogen werden, daß nur durch solche Maßnahmen der Boden seinen Fruchtbarkeitszustand einigermaßen auf die Dauer bewahren kann und zwar durch Beeinflussung der Humusbildung. Man hat denn auch solche Humusbestimmungen ausgeführt, und TUXEN fand dabei, bei einem Tonboden, Folgendes:

Regelmäßige Stallmistdüngung	4,38%	Humus
Fortgesetzte Mineraldüngung (7 Jahre) . .	2,03%	,,
Ohne Düngung (21 Jahre)	1,51%	,,

Nur organische Düngung, Stallmist oder Gründüngung, vermag also den Humusbestand eines Bodens aufrecht zu erhalten und damit, in Verbindung mit der günstigen physikalischen Beschaffenheit des Bodens, auch dessen Stickstoffkapital zu erhalten. Daß bei dieser Sachlage von irgendeiner wesentlich in Betracht kommenden Stickstoffbindung nicht die Rede sein kann, liegt auf der Hand.

Bei einer anderen ackerbaulichen Maßnahme, der Brache, hat man ebenfalls bei der beobachteten günstigen Wirkung an die Tätigkeit der frei lebenden Stickstoffbinder geglaubt; es sei auf den aus Brache isolierten B. Ellenbachensis (S. 47) verwiesen. Bei der Brache bleibt das Feld, wenigstens bei ihrer ausgeprägtesten Form, der Schwarzbrache, eine Vegetationszeit lang unbebaut liegen, aber ständig unter Bearbeitung. Daß sich danach die Ernten sehr stark erhöhen können, zeigt das folgende Beispiel aus Rothamstedt, wobei ein Feld (wegen völliger Verunkrautung) 2 Jahre lang gebracht wurde; es ergab sich:

Behandlung	Kornertrag bushels per acre			
	Vor Brache		Nach Brache	
	Mittel 1852 bis 1925	1925	1928	1929
Stalldünger	33,5	15,1	48,4	39,0
Mineraldünger + Ammoniumsulfat	21,7	10,1	47,3	17,7
Mineraldünger ohne Stickstoff	13,5	6,8	35,2	9,1
Ohne Dünger	11,7	6,7	27,9	9,1

Die Erntesteigerung ist also gewaltig; aber man sieht, daß sie schon im 2. Jahr nach der Brache wieder stark zurückgegangen ist, bei den Teilstücken ohne Stickstoff sogar auf den

Jahreswert vor der Brache, so daß man sagen kann, daß in diesem Falle in dem Mehrertrag etwa der Ertrag, der den beiden Jahren ohne Bestellung entspricht, enthalten ist.

XXIII. Die mikrobiologische Beeinflussung des Bodens (Fortsetzung).

Möglichkeit einer Stickstoffbindung, Forts. (Brache, Forts. Rückblick). Erhöhung der Mikroorganismentätigkeit und Bodenfruchtbarkeit durch partielle Sterilisation (Trocknen, Erhitzen, Desinfektionsmittel). Bodenmüdigkeit. Bodenimpfung.

Man kann also hieraus schon den Schluß ziehen, daß in der Brache, wenigstens in der Hauptsache, eben nur der in den Humusstoffen aufgespeicherte Stickstoff des Bodens zur Wirkung kommt, bei immer wiederkehrender Brachebehandlung also die Ernten sinken müssen. Große Freilandversuche, wie in Rothamstedt und Göttingen, haben das bestätigt. Als Beispiel sei das nachfolgende über die Breslauer Zementkästenversuche, die von Pfeiffer eingerichtet wurden, gebracht. Der Versuch ist besonders exakt angelegt, indem 1 cbm fassende, unten offene Zementkästen in die Erde eingebaut wurden, die nun eine Füllung von

Jahr	Fruchtfolge		
	Brache	Leguminosen	Leguminosen + Stalldünger
	g Trockensubstanz je Parzelle und 4 Jahre		
1908—1911	2237,2	2303,6	2520,0
1912—1915	2084,6	2081,3	2426,4
1916—1919	1673,8	1745,5	2072,9
Abnahme in %	25,2	24,2	17,7
	g Stickstoff in Ernte je Parzelle und 4 Jahre		
1908—1911	28,93	28,77	33,02
1912—1915	20,90	21,22	25,89
1916—1919	17,22	18,43	22,54
Senf 1907	20,33	18,19	18,24
Abnahme in %	40,5	36,0	31,7
	g Stickstoff im Boden je Parzelle		
Anfangsgehalt	1346,0	1395,7	1455,6
Endgehalt	1276,0	1316,5	1451,7
Abnahme in g	70,0	79,2	3,9
	g Stickstoff in der Ernte		
N in der Ernte	87,38	86,61	99,69
N in der Saat	2,71	6,21	6,21
Differenz	84,67	80,40	93,48
Dazu N durch Leguminosen	—	27,40	29,14

einheitlicher, vorher gut durchgemischter Erde von bekanntem Stickstoffgehalt erhielten, so daß die Stickstoffbilanz in der Erde selbst verfolgt werden konnte.

Bei diesem Versuch folgte auf eine verschiedene Behandlung des Bodens im ersten Jahr (Brache, Leguminosen, Leguminosen + Stalldünger), im zweiten Jahr Hafer, im dritten Rüben, im vierten Hafer, darauf wieder Brache usw. In der Tabelle sind die Ernten und ihr Stickstoffgehalt ohne die Leguminosen angegeben. Man sieht, daß die Ernten überall sinken, als Folge der durch das Einfüllen der Erde zunächst energisch einsetzenden und später abklingenden Mineralisationsvorgänge. Aber sie sinken bei Stallmist, trotz absolut höherer Ernten, am wenigsten, als Folge der Stickstoffzufuhr, die sich auch in dem höheren Entzug an Stickstoff durch die Ernten ausprägt.

Das Wesentlichste zeigen nun die Stickstoffzahlen der Erde: Sie haben bei Brache und Leguminosen abgenommen, und zwar in der Größenordnung des durch die Ernte entzogenen Stickstoffs, wie ein Vergleich mit den zu unterst stehenden Zahlen zeigt. Daß durch die Leguminosenvorfrucht gegenüber der Brache kein günstigeres Bild sich ergeben hat, liegt daran, daß die gebauten Erbsen oderirdisch abgeschnitten, nicht etwa untergepflügt wurden, so daß nur sehr geringe Mengen ihres gebundenen Luftstickstoffs im Boden verbleiben konnten. Dagegen hat der Stallmist den Stickstoffgehalt des Bodens aufrecht erhalten. Da mit ihm im ganzen 40,95 g Stickstoff dem Boden zugeführt wurden, die Ernte aber 93,48 g entzogen hat, so hätte der Endgehalt der Stallmistparzellen um rund 50 g an Stickstoff abnehmen müssen, was aber nicht der Fall ist, wie man sieht. Wie sich diese Tatsache erklären läßt, kann nicht entschieden werden.

Man beachte nun weiter, daß bei der Brachebehandlung ja das Jahr der Behandlung mit seiner Ernte ausfällt; obige Zahlen zeigen, daß dieser Ausfall gegenüber einem Anbau von Leguminosen nicht gedeckt werden kann, die im Gegenteil mit ihrer Ernte, die oben nicht aufgeführt ist, noch beträchtliche Mengen an Stickstoff durch Bindung des elementaren Luftstickstoffs gewinnen lassen, wie die untersten Zahlen der Tabelle zeigen, ohne daß der Bodenstickstoff sich gegenüber der Brachebehandlung verschlechtert. Von einer Konkurrenz der Brache mit dem Stallmist kann vollends keine Rede sein. Die Brache stellt also einen gewissen Raubbau mit dem Bodenstickstoff dar. Wenn sie als praktisch landwirtschaftliche Maßnahme ab und zu empfohlen wird, so geschieht das heute nach anderen Gesichtspunkten, entweder betriebswirtschaftlichen oder auch zur Bekämpfung von

Unkraut, dessen man im Pflanzenbestand nicht anders Herr zu werden vermag, oder auch, um einen sehr schwer zu bearbeitenden Boden wieder in günstigen physikalischen Zustand zu setzen.

Wenn man während der Brache einen besonders hohen Gehalt an Salpeter festgestellt hat, so liegt das natürlich nur daran, daß hier die ihn aufnehmenden Pflanzen ja fehlen; da dieser Nitratstickstoff im Winter der Auswaschung unterliegt, so verschlechtert sich das Bild der Brache damit noch weiter. Diese Veränderung des Nitratgehaltes eines gebrachten Bodens mit der winterlichen Abnahme zeigen die folgenden Zahlen nach SABASCHNIKOW:

1. Mai	3,2	1. August	31,0
15. Mai	6,3	15. August	25,8
1. Juni	11,7	1. September	26,8
15. Juni	14,7	15. September	28,2
1. Juli	19,0	1. Oktober	14,3
15. Juli	20,4	15. Oktober	4,6

Weiterhin hat man in der Brache einen höheren Bakteriengehalt gefunden (was teilweise allerdings bestritten wurde). Aber auch hierbei handelt es sich offenbar nicht um besondere Wirkungen der Brache, sondern darum, daß diese infolge der Bearbeitung gut durchlüftet und wegen des Fehlens der Pflanzen besser mit Wasser versorgt ist, wie das nachfolgende Beispiel von ENGBERDING zeigt:

Datum der Untersuchung	Bakterien Mill. je 1 g trockener Erde			Wassergehalt der Erde in %		
	Brache	Sommergerste	Rüben	Brache	Sommergerste	Rüben
29. April 1908	26,12	12,35	12,80	18,69	16,09	17,55
7. Mai „	14,13	15,67	17,56	17,31	17,01	16,91
2. Juni „	11,77	12,86	12,01	17,87	16,98	17,00
6. Juli „	15,04	10,15	9,03	16,20	11,55	12,74
21. Juli „	11,35	8,50	5,70	14,53	15,69	13,20
6. August „	11,04	7,86	—	16,76	15,16	—

Bei der Brachebehandlung wird also der in den Humussubstanzen des Bodens festgelegte Stickstoff die Hauptmenge des den Pflanzen gelieferten Stickstoffs bilden müssen; tatsächlich hat man bei Brachebehandlung eine Abnahme der Humusstoffe festgestellt; die Göttinger Versuche ergaben nach GEHRING:

	Brache-	Klee-	Stallmist-Fruchtfolge
Gehalt an Gesamthumus	1,98	2,15	2,33

Man muß sich bei solchen Versuchen vor Augen halten, daß der Stickstoffvorrat des Bodens, wenn er auch prozentisch ziemlich gering erscheint, sehr lange ausreicht. Bei den erwähnten

Breslauer Versuchen würde bei der Brachebehandlung jährlich rund 4 g Stickstoff dem Boden entnommen werden, wenn wir die Zahlen von 1916—1919 zugrunde legen. Das würde so viel bedeuten, daß der noch im Boden vorhandene Vorrat an Stickstoff 314 Jahre ausreichen würde, eine gleiche Ernte zu geben, die in diesem Falle 42 dz je ha Gesamtmasse beträgt. Man sieht also, daß sehr lange Zeiträume notwendig sind, überhaupt einen Ausschlag zu bekommen. Erst in etwa 30 Jahren wären 10% des Stickstoffs mineralisiert; das ist aber ein Ausschlag, wie man ihn in der Auswirkung auf die Ernte, die auch ein Produkt von Klima usw. ist, nur bei sehr exakten Versuchen überhaupt nachweisen kann. Es ist also kein Wunder, daß es recht lange gedauert hat, ein einigermaßen klares Bild über diese Verhältnisse zu bekommen. In Wirklichkeit würde sich die Zeit wahrscheinlich noch länger hinziehen, da die Mineralisation natürlich nicht mit gleicher Intensität fortschreitet.

Im übrigen kann allerdings kaum geleugnet werden, daß sich im Boden auch durch die Tätigkeit der frei lebenden stickstoffbindenden Bakterien eine gewisse Bindung des elementaren Luftstickstoffs vollzieht. Wie groß, oder besser, wie klein diese ist, läßt sich jedoch zur Zeit kaum angeben. Es ist aber anzunehmen, daß sich in dieser Hinsicht eine gewisse Stabilität der Verhältnisse allmählich herausbilden wird, wenn wir etwa einen Kulturboden sich selbst überlassen würden. Diese Grenze vermögen wir heute aber noch nicht anzugeben. Es sei übrigens darauf hingewiesen, daß sie selbstverständlich auch durch die mit atmosphärischen Niederschlägen (elektrische Entladungen, Industriegase) in den Boden gelangenden N-Mengen beeinflußt würde, was natürlich die Bedeutung der Mikroorganismen in dieser Hinsicht noch weiter herabsetzen würde. Jedenfalls aber zeigt das früher geschilderte in der Natur vorherrschende Zusammenleben von Mikroorganismen mit höheren Pflanzen, das ja deutlich auf die Versorgung dieser mit dem festgelegten Bodenstickstoff oder bei den Leguminosen mit dem elementaren Luftstickstoff hinweist, daß es damit nicht besonders gut bestellt sein muß.

Für unsere Kulturpflanzen vollends gilt das noch in viel ausgesprochenerem Maße. Denn hier kommt es nicht so sehr darauf an, die Pflanzen überhaupt ihr Leben bis zum Fruchtansatz abschließen zu lassen, sondern eine möglichst große Produktion an Pflanzenmasse zu erzielen. Das ist aber nur möglich, wenn der hauptsächlichste Minimumfaktor, der Stickstoff, in ausreichendem Maße dazu zur Verfügung steht, was in diesem Falle nur durch künstliche Zufuhr möglich ist. Ein in Hinsicht auf

Stickstoffbindung stabilisierter Boden würde zweifellos die Ansprüche unserer Kulturpflanzen nicht erfüllen können. Immerhin sei nochmals darauf hingewiesen, daß hierbei die natürliche Quelle des Stickstoffs, die Humussubstanzen, nicht zugunsten der reinen Anwendung künstlicher Düngemittel vernachlässigt werden darf, aus Gründen, die oben eingehend auseinandergesetzt wurden.

In gleicher Weise wie in den geschilderten Fällen, wirken sich einige künstliche Eingriffe in den Boden aus, indem auch sie eine verstärkte Mikroorganismentätigkeit und damit auch eine verstärkte Mineralisation des Bodenstickstoffs herbeiführen. Schon das Trocknen des Bodens bewirkt Veränderungen der Mikrobentätigkeit. Gemessen z. B. an der Kohlensäurebildung steigt die Mikroorganismentätigkeit sehr stark an, wenn man den Boden lufttrocken werden läßt; und zwar ist der Anstieg um so stärker, je länger die Trocknungszeit war. Folgende Zahlen von WAKSMAN-STARKEY zeigen dies deutlich:

	mg CO_2 gebildet nach Tagen					
	0	1	2	3	4	5
Erde 40 Tage trocken . .	0	82	67	57	54	52
,, 358 ,, ,, . .	0	142	97	60	60	49
,, 519 ,, ,, . .	0	167	107	72	62	55

Nach dem ersten Anstieg fallen die Zahlen jedoch bald wieder und nehmen bei den verschieden behandelten Proben den gleichen Wert an.

Eine gleiche Wirkung übt das Erhitzen aus. Gemessen an der Pflanzenproduktion, welche der Ausdruck der Mikroorganismentätigkeit ist, fand A. KOCH auf erhitztem Boden:

	g Trockensubstanz	g Stickstoff
Ohne Thomasmehl, nicht sterilisiert . .	44,7	0,337
,, ,, sterilisiert	53,4	0,489
Mit ,, nicht sterilisiert . .	47,9	0,353
,, ,, sterilisiert	57,2	0,506
Mit Kalk, nicht sterilisiert	42,3	0,331
,, ,, sterilisiert	63,1	0,504

In allen Fällen ist also durch das Erhitzen eine höhere Pflanzenproduktion und eine erhöhte Mobilisation des Bodenstickstoffs erfolgt. Das sollen folgende Zahlen noch unmittelbarer zeigen (nach LEMMERMANN u. A.):

Durch MgO aus 200 g Erde abspaltbarer Stickstoff

	Sandboden	Lehmboden	Humusboden
Nicht sterilisiert	2,50	4,20	7,57 mg
Sterilisiert mit gespanntem Dampf, sofort untersucht	4,05	5,85	22,20
Ebenso, aber wieder infiziert u. nach 22 Tagen untersucht	5,67	11,26	44,29

Endlich wirkt die Zugabe von Desinfektionsmitteln in gleicher Weise, von Schwefelkohlenstoff, Toluol, Äther usw., also von flüchtigen Stoffen, die nach dem Verdunsten aus dem Erdboden verschwunden sind. Auch hier erfolgt ein starker Anstieg der Bakterientätigkeit, gefolgt von einem Abfall und begleitet von einer Erhöhung der Pflanzenproduktion. In dem folgenden Beispiel nach WAKSMAN-STARKEY ist die Wirkung von Toluol auf die Mikroorganismentätigkeit geprüft, woraus sich alles ergibt.

Tage	Bakterien je 1 g Boden	Pilze je 1 g Boden	Protozoen	NH_3-N mg je 100 g Boden	NO_3-N mg je 100 g Boden
Ohne Toluol					
Vor Behandlung . .	11 900 000	40 000	C Fl	1,44	0,65
Sofort nach Behandl.	15 800 000	42 000	C Fl	1,54	0,70
5 ,, ,,	11 700 000	41 000	—	0,74	2,30
15 ,, ,,	9 400 000	28 000	C Am Fl	0,84	4,55
23 ,, ,,	10 600 000	25 300	C Am Fl	0,94	2,85
40 ,, ,,	11 070 000	18 000	—	1,12	3,60
70 ,, ,,	11 200 000	28 500	—	1,44	4,55
90 ,, ,,	10 150 000	24 500	C Am Fl	0,87	4,70
Mit Toluol					
Vor Behandlung . .	12 800 000	36 000	C Fl	1,44	0,82
Sofort nach Behandl.	6 300 000	330	O	2,28	0,78
5 ,, ,,	5 400 000	330	—	1,75	1,03
15 ,, ,,	60 200 000	1 300	O	2,03	1,65
23 ,, ,,	111 300 000	10 100	Am Fl	2,44	1,05
40 ,, ,,	102 000 000	43 300	—	4,18	1,10
70 ,, ,,	38 000 000	49 200	—	2,88	2,80
90 ,, ,,	42 200 000	56 000	C Am Fl	2,31	4,05

Unter „Protozoen“ bedeutet C Ciliaten, Am Amoeben, Fl Flagellaten.

Die geschilderten Maßnahmen bezeichnet man auch als partielle Sterilisation. Wie ist nun die Wirkung zu erklären? RUSSEL glaubte, die Vernichtung von Protozoen und anderen tierischen Lebewesen bewirke, daß sich auf Grund ihrer toten Leibessubstanz die Bakterien so stark vermehrten. Das obige Beispiel spricht jedoch nicht dafür. Ferner nahm man eine Vernichtung schädlicher Bakteriengruppen, von denitrifizierenden Bakterien z. B., als Ursache erhöhter Pflanzenproduktion an, was ebenfalls sehr wenig Wahrscheinlichkeit hat, da diese Bakterien im normal durchlüfteten Erdboden keine wesentliche Rolle spielen können. Weiterhin sollen Fette oder im Boden gebildete baktericide Stoffe unschädlich gemacht werden. Endlich hat man auch bei den Desinfektionsmitteln an eine direkte „Stimulation" sowohl der Mikroorganismen wie auch der höheren Pflanzen gedacht. Am wahrscheinlichsten ist die Annahme einer gewissen Aufschliessung der toten organischen Substanz des Bodens, wobei dahingestellt sei, ob das auf dem Wege einer Veränderung der Kolloidstruktur oder sonstwie geschieht.

Tatsächlich kann man solche Veränderungen chemisch feststellen. A. Koch erhielt durch Erhitzen des Bodens folgende Zahlen, wobei die Werte für unsterilisiert = 100 gesetzt sind:

	Unsterilisiert = 100 gesetzt	Sterilisiert
Wasserlösliche Bestandteile		
Gartenboden	100	182
Sandboden	100	166
Organischer Anteil der wasserlöslichen Bestandteile		
Gartenboden	100	278
Sandboden	100	460

Ähnliches, auch insbesondere Aufschluß der Stickstoffverbindungen des Bodens, hat man wiederholt festgestellt. Daß bei einem solchen Aufschluß der organischen Substanzen vermehrte Bakterientätigkeit und als Folge davon erhöhte Pflanzenproduktion zu beobachten ist, dürfte selbstverständlich sein. Doch ist es sehr wohl möglich, daß zu dieser Hauptursache noch hin und wieder die oben in Betracht gezogenen Vorgänge hinzutreten.

Praktisch spielen die geschilderten Maßnahmen kaum eine große Rolle. Das Erhitzen kommt beim Abbrennen von Gras- und Heideland in Frage, ferner bei der Sterilisation kleiner Mengen von Erde im gärtnerischen Betrieb, wobei es allerdings im letztgenannten Falle auf etwas anderes, nämlich auf die Vernichtung von Schädlingen, ankommt. Ein gleiches Ziel hat die Anwendung von Desinfektionsmitteln zur Bekämpfung von Reblaus, Nematoden, Kartoffelkrebs usw. Als Selbstzweck wendet man die Maßnahmen dagegen nicht an; sie würden auch offenbar nur einen Raubbau mit dem organischen Bestandteil des Bodens darstellen.

Früher hat man auch an eine mikrobiologische Ursache der Erscheinungen der Bodenmüdigkeit geglaubt, die man dann etwa durch die genannten Desinfektionsmittel bekämpfen zu können glaubte. Soweit es sich bei dieser Erscheinung nicht einfach um eine Mangelerscheinung handelt, wie das Fehlen von Kalk bei der Kleemüdigkeit, ist die Ursache in erster Linie auf das Überhandnehmen von Schädlingen zurückzuführen, von Kleekrebs, Rübennematoden, Keimlingskrankheiten in Mistbeeten usw. Daß die Bodenmüdigkeit sonst durch mikrobiologische Erscheinungen zustande kommen könnte, etwa durch das Überhandnehmen schädlicher Bakteriengruppen, ist allgemein wenig wahrscheinlich und dürfte nur in besonderen Fällen in Frage kommen. So soll z. B. Überhandnehmen von Fäulnisbakterien die Leguminosenbakterien schädigen und damit die Knöllchenbildung und Stickstoffbindung. Eine besonders intensive Vermehrung der sich von Bakterien nährenden Bodenprotozoen kann auf Rieselfeldern zu einer Müdigkeit führen, die hervorgerufen wird durch die Dezimierung der Bakterien und dadurch herbeigeführte ungenügende Mineralisation.

Auch an Hemmungsstoffe, die bei der Zersetzung der organischen Massen gebildet werden, könnte man denken. In der di-oxy-Stearinsäure glaubt man z. B. einen solchen Stoff gefunden zu haben. Aber auf diesem Gebiete ist noch alles unsicher, und der Begriff der Bodenmüdigkeit ist ein undefinierbares Gemenge aller möglichen Erscheinungen.

Nach allem, was wir bisher wissen, ist der mikrobiologische Zustand eines Bodens der Ausdruck seiner sonstigen chemischen und physikalischen Beschaffenheit. Durch zahlreiche Beispiele wurde gezeigt, daß die Herbeiführung eines günstigen Zustandes auch die Mikroorganismentätigkeit sofort in günstiger Weise beeinflußt. Es ist bisher kein Beispiel bekannt geworden, daß unter praktischen Verhältnissen, bei Meliorationen usw. dieser günstige Zustand sich nicht in kürzester Zeit einstellte. Man kann daraus schon den Schluß ableiten, daß eine künstliche Zufuhr von Mikroorganismen zum Boden, eine Impfung also, keinen praktischen Wert besitzt; daß dies auch für die mit einer Stallmistgabe erfolgende starke „Bodenimpfung" gilt, wurde bereits S. 73 auseinandergesetzt.

Ausgenommen werden muß hierbei selbstverständlich eine Impfung mit Leguminosenbakterien, über die das Wesentlichste bereits oben S. 57 gesagt ist. Alle Versuche jedoch, sonstige

Bodenimpfungen vorzunehmen, vornehmlich mit frei lebenden stickstoffbindenden Bakterien, aber auch mit Schwefelbakterien, die Säure erzeugen und Phosphate aufschließen sollten, sind völlig ergebnislos verlaufen. In den Handel gebrachte Präparate, die solches bewirken sollten, erwiesen sich als völlig wertlos. Im Falle der frei lebenden stickstoffbindenden Bakterien liegt ja auch die Ursache des Mißerfolges klar: wie wir S. 118 ff. gesehen haben, ist es hier offenbar die organische Substanz des Bodens, welche als begrenzender Faktor für die frei lebenden stickstoffbindenden Mikroorganismen auftritt. Eine Zufuhr solcher Bakterien kann also keinen Zweck haben, und die schnelle Vermehrungsfähigkeit der im Boden vorhandenen würde bei Besserstellung der Ernährungsverhältnisse den Ausgleich von selbst herbeiführen.

XXIV. Bestimmung der Bodenfruchtbarkeit vermittels mikrobiologischer Methoden.

Umsetzungsversuche. Katalytische Kraft. Azotobacter- und Aspergillus-Methode. Azotobacter-Methode zur Feststellung der Bodenreaktion.

Die Erkenntnis, daß die Mikroorganismentätigkeit im Boden unmittelbar durch die Mineralisationsvorgänge und mittelbar durch die Beteiligung an der Herstellung eines günstigen chemisch-physikalischen Zustandes des Bodens (Gare, Humusbildung) die Produktion der darauf gebauten Pflanzenmasse bestimmt, hat nun dazu geführt, nach einfachen mikrobiologischen Methoden zu suchen, die schnell über den Fruchtbarkeitszustand des Bodens unterrichten könnten. Das war der ursprüngliche Sinn der verschiedenen Methoden der Bodenatmung, der Fäulniskraft, der Nitrifikationskraft, des Stickstoffbindungsvermögens usw. Daß sich hierbei gewisse Zusammenhänge ergeben, wurde z. B. S. 63 im Falle der Fäulniskraft gezeigt. Aber zweifellos hat man solche Methoden überschätzt, wie das nachfolgende Beispiel von MAASSEN-BEHM zeigen möge.

Die Zahlen zeigen also, daß keinerlei Zusammenhang zwischen dem Ertrag und den wesentlichen Umsetzungen bestehen; im ersten Falle ist jeweils der Wert von Boden A, im zweiten derjenige von Boden B = 100 gesetzt. Man beachte z. B. im ersten Falle das hohe Nitrifikationsvermögen und das ebenfalls recht hohe Stickstoffbindungsvermögen und Fäulnisvermögen des abnorm rohen Bodens, der noch nicht einmal den zehnten Teil der Ernte des guten Ackerbodens ergibt. Nur die Zahl der Mikroorganismen paßt sich einigermaßen an. Das zweite Beispiel

Boden	Ertrag (Boden A = 100)	Zahl der Mikroorganismen	Stickstoffbindung	Nitratbildung	Ammoniakbildung	Denitrifikation
A	100	100	100	100	100	nicht geprüft
B	9	28	87	127	93	

Boden A ist ein normaler in Kultur befindlicher Ackerboden mit 0,065% Stickstoff, der 1 Jahr vor Versuchsbeginn eine Stallmistdüngung erhielt. Boden B ist ein abnorm roher, seit 7 Jahren bebauter, niemals gedüngter Sandboden mit 0,017% Stickstoff.

	(Boden B = 100)					
A	145	122	134	120	135	99
B	100	100	100	100	100	100
C	15	25	135	55	20	113

Boden A ist ein mit Stallmist gedüngter Ackerboden; Boden B ist ein ungedüngter Ackerboden; Boden C ist ein roher Boden.

zeigt ganz ähnliche Verhältnisse. Doch ist die Fäulniskraft des rohen Bodens C hier sehr gering, zeigt also ein anderes Bild als im Falle 1. Die Denitrifikationskraft ist im Gegenteil sehr hoch; S. 91 f. wurde bereits darauf hingewiesen, wie unsicher gerade dieser Vorgang für die Bewertung eines Bodens ist.

Der Grund für diese zunächst auffallenden Erscheinungen ist der, daß wir es bei solchen bakteriologischen Methoden ja mit „Umsetzungsversuchen“ zu tun haben, die so vorgenommen werden, daß der Boden mit der Substanz versetzt wird, deren Umsetzung untersucht werden soll, oder daß eine bestimmte Menge Boden in eine mit dem betreffenden Stoff versehene Nährlösung geimpft wird und dann nach einiger Zeit die entstandenen Produkte bestimmt werden. Hierbei ergeben sich aber nur die im Boden vorhandenen Möglichkeiten, nicht der tatsächliche Zustand im Boden selbst. Wir führen einseitige „Elektivversuche“ aus. Unter günstigen Bedingungen, wie sie u. a. die Darbietung eines bestimmten Stoffes darstellen, vollzieht sich eine derartig schnelle Entwicklung der möglicherweise nur in geringer Zahl vorhandenen Mikroorganismen, daß hierdurch eine intensive Tätigkeit dieser Mikroorganismen im Boden selbst vorgetäuscht wird.

Das läßt sich z. B. auch zeigen, wenn man die Ackerkrume eines Bodens mit dem sicherlich erheblich unfruchtbareren Unterboden des gleichen Standorts vergleicht. Hesselink van Suchtelen fand bei Zusatz von Glucose:

	In der Ackerkrume (0—25 cm Tiefe)	Im Unterboden (50—80 cm Tiefe)
Sofort . . .	5400000	700000 Millionen Bakterien je 1 g Boden
Nach 4 bis 5 Tagen .	6200000	7600000 Millionen Bakterien je 1 g Boden

Daraus kann man sich alle diesbezüglichen Folgen ableiten.

In diesem Zusammenhange sei auch noch die Methode erwähnt, vermittels der Bestimmung der katalytischen Kraft eines Bodens seinen Fruchtbarkeitszustand festzustellen, wobei grundsätzlich wieder die oben gemachten Ausführungen zu beachten sind. Man bezeichnet damit das Vermögen eines Bodens bzw. seiner Mikroorganismen, aus Wasserstoffsuperoxyd Sauerstoff in Freiheit zu setzen. Daß sich gewisse Zusammenhänge ergeben, zeigen folgende Zahlen nach WAKSMAN, wobei die jeweiligen Werte des ungedüngten Bodens = 100 gesetzt sind:

Boden	Sauerstoffbildung	Ertrag
Ungedüngt	100	100
Mineraldüngung ohne Stickstoff	87	865
Mineraldüngung + $NaNO_3$.	159	1605
Mineraldüngung + Stalldünger	238	1860

Wenn sich also auch eine gewisse Parallelität zeigt, so wird sie doch im Falle der reinen Mineraldüngung ohne N mit geringerer Sauerstoffbildung bei höherem Ertrag, wie man sieht, unterbrochen.

Daß man jedoch diese Methode nur sehr mit Vorsicht anwenden darf, zeigen weitere Beobachtungen. Das Freimachen von Sauerstoff erfolgt nämlich nicht allein durch Mikroorganismen vermittels ihres Enzyms, der Katalase (die übrigens auch vielen Mikroorganismen, namentlich Anaëroben, fehlt), sondern auch durch anorganische Bestandteile des Bodens, vor allem Mangan- und Eisenverbindungen. So fand SCHARRER z. B. durch Glühen des Bodens die katalytische Kraft zwar sehr stark herabgesetzt, aber nicht völlig aufgehoben, in gewissen Fällen, wie bei eisenreichen Moorböden, sogar nach dem Glühen kaum verändert. Die Methode stellt also keine eigentliche mikrobiologische Methode dar, wodurch sich natürlich weitere Komplikationen ergeben.

Immerhin wird es jedoch, vielleicht mit Ausnahme der letztgenannten Methode, möglich sein, sehr extreme Böden mikrobiologisch einigermaßen unterscheiden zu können mit Hilfe der fraglichen Methoden. Aber solche Verhältnisse sind allgemein auch dem praktischen Landwirt durch Erfahrung und u. U. auch nach dem bloßen Augenschein bekannt. Worauf es ankäme, wäre jedoch, bei einem Boden festzustellen, ob sein Fruchtbarkeitszustand so beschaffen ist, daß sich vielleicht eine geringe Zusatzdüngung noch lohnen würde, bzw. der letzte Zentner Kunstdünger erspart werden könnte. Es ist jedoch klar, daß man hierin mit den alten Methoden kaum etwas wird erreichen können.

Das Gesagte gilt auch, wenn vielleicht in etwas abgeschwächtem Maße, für andere Methoden, die man in neuester Zeit ausgebaut hat. Man ging dabei von dem Gedanken aus, daß die Mikroorganismen ja ebenso wie die höheren Pflanzen die Hauptnährstoffe Phosphor, Kalium, Stickstoff, zum Aufbau ihrer Substanz nötig haben. Wenn nun zugesehen wird, wie sich die Entwicklung eines Mikroorganismus auf Erde gestaltet, und wenn weiter geprüft wird, ob eine Zufuhr der genannten Nährstoffe eine bessere Entwicklung zustande kommen läßt, dann könnten daraus vielleicht Rückschlüsse auch auf die den höheren Pflanzen zur Verfügung stehenden Mengen gezogen werden. In diesem Sinne haben NIKLAS und seine Mitarbeiter die Azotobactermethode ausgearbeitet. Sie wird z. B., wenn geprüft werden soll, ob ein Boden genügend Phosphorsäure enthält, so ausgeführt, daß 5 g Feinerde mit 5 g Grobsand vermischt und in einem 75 ccm-Erlenmeyerkolben mit so viel phosphorfreier Nährlösung (die 2% Mannit, 0,02% KCl, 0,025% $MgSO_4$, 0,3% $CaCO_3$, in Leitungswasser gelöst enthält) übergossen wird, daß der Boden eben bedeckt ist. Dann wird mit einer Rohkultur von Azotobacter geimpft und 7 Tage bei 25^0 C stehen lassen. Zufuhr von $CaCO_3$ und Impfung sind notwendig, falls der Boden vorher sauer reagierte und dann keine Entwicklung von Azotobacter zuließe, und falls dieser Organismus dem Boden von vornherein fehlte. Es kommt ja hier nur auf die Feststellung der verfügbaren Phosphorsäure an. Nach 7 Tagen wird vorsichtig Wasser zugegeben, damit die entstandene Kahmhaut nicht verletzt wird, und nunmehr wird die Stärke der Azotobacterdecke geschätzt. Daraus ergibt sich, ob viel oder wenig Phosphorsäure im Boden vorhanden ist, die ja, da die anderen Nährstoffe zugefügt sind (Stickstoff steht in diesem Falle als elementarer Luftstickstoff zur Verfügung), die Stärke der Entwicklung bestimmen muß. Es fanden sich z. B. folgende Werte:

Reichtum der Böden an Phosphorsäure	Anzahl der Böden	Azotobacter-Entwicklung in %			
		keine	schwache	mäßige	starke
Sehr arm	18	17	17	61	5
Arm	40	3	22	50	25
Bedingt arm	107	4	13	48	35
Reich und sehr reich .	75	1	2	17	80

Man sieht, daß ein gewisser Zusammenhang zwischen dem vorher bekannten Reichtum der Böden an Phosphorsäure und der Stärke der Azotobacterentwicklung besteht. Aber das Quantitative, auf das es, wie oben ausgeführt wurde, insbesondere ankommt, kann hierdurch nicht erfaßt werden. Im übrigen ist diese Methode auch teilweise abgeändert und kann natürlich auch zur Prüfung auf andere Nährstoffe sinngemäß angewendet werden.

Eine weitere, von BENECKE-SÖDING aufgegriffene und später ebenfalls von NIKLAS weiter ausgebaute Methode ist die Aspergillusmethode, die grundsätzlich ähnlich ausgeführt wird, wobei aber mit einem Pilz, Aspergillus niger, geimpft wird, der die Möglichkeit bietet, das gebildete Mycel ohne viele Mühe zu ernten und quantitativ zur Wägung zu bringen, wodurch also quantitative Bestimmungen möglich erscheinen. Es wird dabei, wenn z. B. auf Kalium geprüft werden soll, 2,5 g Boden mit einer 10%igen Zuckerlösung übergossen, welche Phosphorsäure, Kalium und Magnesium enthält, wie das in dem nachfolgenden Beispiel der Fall war:

mg K_2O in 100 g Boden nach NEUBAUER bestimmt	Zahl der Böden	Übereinstimmung in Prozenten			
		sehr gut	gut	ziemlich	schlecht
0—14	39	66	—	25	9
14—20	28	78	—	22	—
20—30	44	44	39	11	6
30—40	31	68	16	—	16
40 und mehr	20	55	45	—	—
Übereinstimmung in Prozenten . .		62,2	20,6	11,6	6,2
		82,2 (sehr gut + gut)			

Es ergaben sich also immerhin 82,2% gute Übereinstimmungen. Bezüglich der quantitativen Auswertungen muß jedoch auf die obigen Ausführungen verwiesen werden.

Wenn wir somit bei diesen beiden Methoden, der Bestimmung des Fruchtbarkeitszustandes überhaupt und der Heranziehung von Mikroorganismen zur Bestimmung der verfügbaren Menge der einzelnen Pflanzennährstoffe, zu keinem sehr günstigen Ergebnis gekommen sind, so würde es doch sehr verfehlt sein, auf diesem Gebiete nicht weiter zu arbeiten. Der Boden stellt leider einen so ungeheuren Komplex der verschiedensten chemischen, physikalischen und biologischen Erscheinungen dar, daß es im Gegenteil merkwürdig wäre, wenn wir in der verhältnismäßig noch kurzen Zeit seiner Erforschung schon tiefer eingedrungen wären.

Was aber unter allen Umständen hierbei zu berücksichtigen ist, das ist dies, daß wir uns nicht allein mit solchen Methoden befassen dürfen, welche gleich aufs ganze gehen; sondern wir müssen in Verbindung damit viel genauer noch die Einzelvorgänge untersuchen und die einzelnen Mikroorganismen ganz genau kennen lernen, in ihrer Morphologie und Physiologie und ihren gegenseitigen Beziehungen. In der Bodenbakteriologie ist man eben rein methodisch noch nicht so weit vorgeschritten, wie man das teilweise vielleicht annimmt, bzw. man ist zu viel bei alten Methoden stehen geblieben, mit denen man die Kompliziertheit der Vorgänge nicht genügend erfassen kann. Berücksichtigt man diese Erkenntnis, so wird man überzeugt sein müssen, daß dann später einmal der praktische Erfolg auch auf diesem Gebiet nicht ausbleiben kann oder viel stärker zur Auswirkung kommen wird. Denn über allem steht die Tatsache des engen Zusammenhanges zwischen der Mikroorganismentätigkeit im Boden und dem Gedeihen der darauf wachsenden höheren Pflanzen.

Eine weitere Gruppe von Methoden zielt darauf, den günstigen chemisch-physikalischen Zustand des Bodens mit Hilfe von Mikroorganismen zu erkennen. Hier kommt als bisher einzige Methode die Azotobactermethode zur Feststellung der Bodenreaktion in Frage. Man kann z. B. prüfen, ob Azotobacter in einem Boden überhaupt vorhanden ist, und wird daraus schon einigermaßen auf eine neutrale Bodenreaktion schließen können, wie es früher geschildert wurde (S. 43). Da sein Fehlen aber auch von anderen Umständen abhängen kann, wie von schlechter Durchlüftung etwa, so prüft man besser die Azotobacterfähigkeit eines Bodens. Man versetzt 50 ccm einer 2% Mannit + 0,02% K_2HPO_4 enthaltenden Nährlösung mit 5 g Erde, sterilisiert und impft danach mit einer frischen Rohkultur von Azotobacter. Nach der geringeren oder stärkeren Entwicklung dieser Decke kann man dann innerhalb des Bereiches von p_H 5,8—7,3 die Kalkmengen schätzen, welche der Boden zu einer neutralen Reaktion braucht. Bis zu einem gewissen

Grade zeigt diese Methode auch den Pufferungszustand des Bodens an. Denn bei zwei Böden von gleichem p_H, etwa 6.0, wird sich die Kahmhaut bei einem Boden von großem Pufferungsvermögen gut entwickeln, bei einem solchen von schlechtem Pufferungszustand dagegen schlechter. Man muß dabei beachten, daß es sich ja auch um eine Rohkultur handelt, also auch säurebildende Mikroorganismen tätig sind, so daß sich das Pufferungsvermögen des Bodens auf die Entwicklung von Azotobacter um so stärker auswirken kann, während dieses Bakterium allein ja nur Kohlensäure bildet (S. 41) und daher den p_H-Wert in diesem Intervall kaum verschieben könnte.

XXV. Mikrobiologie des Wassers.

Allgemeines über Keimgehalt. Trink-, Quell-, Grund-, Oberflächenwasser. Entkeimung von Trinkwasser. Biologische Selbstreinigung der Flüsse. Abwasserreinigung. Rieselfelder.

Für unsere bisherigen Betrachtungen waren fast ausschließlich die Verhältnisse des festen Landes maßgebend; nur bei dem Schwefelkreislauf wurde S. 94 ff. auf die im Wasser vor sich gehenden Umsetzungen hingewiesen. Indessen war schon oben (S. 25) betont worden, daß im Kreislauf der Stoffe in der Natur auch die im Wasser sich abspielenden Vorgänge genügend berücksichtigt werden müßten, die aber leider noch zu wenig bekannt sind. Insbesondere hatte die S. 25 angeführte Zahl der im Meerwasser vorhandenen Menge an Kohlensäure gezeigt, daß in quantitativer Hinsicht vor allem die mikrobiologischen Vorgänge im Wasser sich völlig ebenbürtig neben diejenigen des festen Landes stellen werden. Jedoch läßt sich weiterhin wohl sagen, daß hinsichtlich des qualitativen Bildes des Ablaufes der mikrobiologisch bedingten Umsetzungen unsere Kenntnisse wahrscheinlich weniger erweitert würden, als man das danach annehmen müßte. Abgesehen von besonderen Typen, welche aufgefunden werden könnten und aufgefunden wurden (es sei u. a. auf Purpurbakterien und Leuchtbakterien hingewiesen), und von den besonderen ökologischen Verhältnissen würde es sich grundsätzlich um die gleichen, auch dem festen Lande eigentümlichen Vorgänge handeln.

Daß diese Auffassung bis zu einem gewissen Grade richtig sein dürfte, ergibt sich aus einigen neueren Untersuchungen über den Keimgehalt in Süßwasserseen (Lunzer Untersee durch Klein, tropische See durch Bavendamm), die folgendes ergaben: So wie Luft und Erde zwei Phasen bilden, von denen die eine (Erde) den Standort, die andere (Luft) nur ein gelegentliches Verbreitungsmedium ist, so ist ein Gleiches der Fall für die beiden Phasen Wasser und Bodenschlamm. Zwar stellt das Wasser in sehr viel höherem Sinne als die Luft für Mikroorganismen auch einen eigentlichen Standort dar; aber der Bakteriengehalt ist auffallend gering und steigt erst an in der Schlammschicht, in der sich auch die wesentlichen, vom Lande bekannten Bakteriengruppen finden. Allerdings muß dabei beachtet werden, daß in tieferer Schicht anaërobe Vorgänge wie die Desulfurikation (S. 94), deren Bildung von Schwefelwasserstoff sich durch das schwarze Schwefeleisen des Schlammes verrät, stärker vorherrschen als im Erdboden. Als bemerkenswerte Ergänzung hierzu sei noch auf die „Haffkrankheit" des kurischen Haffs hingewiesen, die man als Vergiftung der Fischer durch Arsenwasserstoff erkannt hat; dieser entsteht durch Reduktion von mit Industrieabwässern eingeleiteten Arsenverbindungen. Von Reinkulturen von Mikroorganismen ist dieser Vorgang bekannt. Die wesentlichsten Umsetzungen werden sich in dem Bodenschlamm vollziehen. Folgende Zahlen nach KLEIN-STEINER erläutern das Gesagte:

Keimgehalt je 1 ccm in der Seemitte.

Wasser		Bodenschlamm	
Tiefe m	Keimgehalt	Tiefe cm	Keimgehalt
0	50	1,6	45 500
1	0	4,0	215 000
15	90	6,4	400 000
33	80	8,0	320 000

Solche Zahlen bedürfen jedoch der Revision, da sicher nur wenige Formen auf Plattenkulturen wachsen (mit dieser Methode wurden die obigen Zahlen gewonnen). CHOLODNY z. B. fand durch Plattenzählung im Hafenwasser von Kiew 1500—3000 Keime je 1 ccm, bei direkter mikroskopischer Zählung (nach Abfiltrieren durch Membranfilter) 1500000 Keime in 1 ccm. Auch die Tatsache, daß Meerwasser reichlich gelöste organische Stoffe enthält, deutet auf die Möglichkeit eines gewissen Mikroorganismenlebens hin.

Jedenfalls aber ist ein hoher Gehalt von Wasser an leicht wüchsigen Keimen immer ein Zeichen für eine weitgehende Verschmutzung mit organischen Stoffen. In der Natur kann dieser Fall nicht so leicht eintreten; er spielt aber eine außerordentlich große Rolle in hygienischer Hinsicht, da bei der dichten Besiedlung der Kulturländer, verbunden mit ihrer Industrialisierung, sehr viel Stoffe abfallen, die einerseits beseitigt werden müssen, andererseits eben während ihrer Beseitigung die Gewässer verschmutzen und in ästhetischer und hygienischer Hinsicht unser größtes Augenmerk erfordern. Mit diesen Verhältnissen wollen wir uns hier noch etwas beschäftigen.

Was das Trinkwasser betrifft, so steht uns zunächst Quellwasser zur Verfügung, das ohne weiteres genießbar ist. Das den Boden durchsickernde Regenwasser filtriert fast keimfrei durch diesen hindurch. Abgesehen davon, daß der Boden selbst in größeren Tiefen fast keimfrei ist (S. 12), würden auch darin vorhandene Keime durch den Boden abfiltriert werden, welchen Vorgang man, wie gleich zu erwähnen sein wird, künstlich nachahmt. So enthält also Quellwasser nur höchstens bis zu 100 Keime je 1 ccm.

Grundwasser verhält sich in mikrobiologischer Hinsicht ähnlich, in chemischer jedoch etwas anders. Während nämlich das Quellwasser genügend mit Luft in Berührung kommt bei seinem Durchlaufen durch die Spalten des Erdbodens, ist das bei Grundwasser, wenn es stagniert, nicht der Fall. Es enthält meist etwas Schwefelwasserstoff und Ferroverbindungen, die an sich nicht schädlich, aber doch unangenehm sind. Solches Wasser wird daher im Großbetrieb entweder gelüftet, indem ein Luftstrom hindurchgeleitet wird, oder man läßt es als feinen Regen über faustgroße Koksstücke rieseln, was die gleiche Wirkung hat. In jedem Falle werden die genannten Verbindungen oxydiert und ihnen damit die für den menschlichen Genuß unangenehmen Eigenschaften genommen. Die Ferriverbindungen fallen dann aus, wie es auch unter der Wirkung der Eisenbakterien der Fall ist (S. 99).

Das Oberflächenwasser ist hingegen bakteriologisch meist nicht einwandfrei, vor allem deshalb, weil es, gerade in großen Städten, mehr oder weniger verschmutzt ist; hier besteht aber meist keine Möglichkeit, Quellwasser billig heranzuschaffen, so daß man auf das Oberflächenwasser als Trinkwasser angewiesen ist. Als Testobjekt für die Verunreinigung wird gewöhnlich auf das Vorkommen von Bacillus coli, den verbreiteten Darmbewohner, geprüft. Auch zeigt das Vorkommen von Nitrit, das aus der Reduktion von Nitraten entstanden ist, einen gewissen Grad der Verunreinigung an. Das genannte Bakterium zeichnet sich ja auch durch seine Fähigkeit zur Nitratreduktion aus (S. 89). Die Entkeimung ist hier unbedingt notwendig, wie ja die Hamburger Choleraepidemie im Jahre 1892 zur Genüge gezeigt hat, und hin und wieder auftretende Typhusepidemien noch immer wieder zeigen. Diese Entkeimung wird auf verschiedene Weise vorgenommen.

Eine direkte Vernichtung der Keime kann durchgeführt werden durch chemische Mittel, wie Ozon oder Chlor; doch wendet man den zuletzt genannten Stoff mehr zur Desinfektion von Wasser in Badeanstalten u. dgl. an. Ferner wendet man ultraviolette Strahlen zum gleichen Zweck an.

Oder man beseitigt die Keime durch Filtration, gewissermaßen in Nachahmung der natürlichen Verhältnisse. Ein solches Filter, wie es z. B. in Altona in Gebrauch ist, hat folgenden Aufbau (von oben nach unten):

920	mm	gesiebter Sand
75	,,	Kies von Erbsengröße
75	,,	,, ,, Bohnengröße
80	,,	,, ,, Haselnußgröße
150	,,	,, ,, Walnußgröße
220	,,	,, ,, Faustgröße
300	,,	Kanäle und große Steine.

Dieses Filter ist nicht sofort gebrauchsfertig, sondern muß erst „reifen“, d. h. es muß sich aus Bakterienmassen eine verschleimte Filterhaut bilden, welche nunmehr die Keime genügend zurückhalten kann, so daß auf 1000 Keime im Rohwasser höchstens 3 Keime im Filtrat entfallen. Natürlich ist die oberste Sandschicht an Keimen besonders angereichert. Bei Zählungen erhielt man folgende Zahlen:

Sand oben . .	4 000 000	Keime	in	1 ccm
,, 25 mm tief . . .	756 000	,,	,,	1 ,,
,, 250 ,, ,, . . .	98 500	,,	,,	1 ,,

Jedenfalls erzielt man auf diese Weise ein hygienisch einwandfreies Wasser. Die Filtration kann auch durch gewöhnlichen Erdboden erfolgen. Auch künstlich aus Flußsand und Natronkalksilikat hergestellte Sandplatten werden zum Filtrieren verwendet.

Für kleinere Verhältnisse hat man kleinere Filterapparate aus unglasiertem Porzellan (Chamberland-Kerzen), Kieselgur (Berkefeld-Filter), Asbest, Eisenschwamm, Kohle, endlich aus einer Art Pergament (Zsigmondy-Filter), die auch in beliebiger Porengröße hergestellt werden können. Abgesehen von dem letztgenannten wirkt jedoch keines dieser Filter dauernd, da, abgesehen von auftretenden Sprüngen, mit der Zeit auch diese engen Poren, die bei Chamberland- und Berkefeld-Filter etwa 0,1 μ betragen, durchwachsen werden können. Die Filter müssen dann von Zeit zu Zeit mit heißem Dampf sterilisiert werden.

Außer für die Trinkwasserversorgung ist nun die Reinigung der Gewässer von großer Bedeutung im Zusammenhang mit der

Beseitigung der Abwässer (im weitesten Sinne), namentlich in dicht bevölkerten Gegenden. Wie eine solche vor sich gehen kann, zeigt uns zunächst die biologische Selbstreinigung der Flüsse. Man bezeichnet damit die Erscheinung, daß ein etwa durch städtische Abwässer sehr verschmutzter Fluß einige Kilometer unterhalb wieder völlig klar ist, wenn er auch in der Nähe der Stadt einer Kloake gleichen kann. Wie wir sehen werden, ahmt man heute auch diesen natürlichen Vorgang nach, so daß eine so intensive Verschmutzung, wie sie früher oft vorhanden war, jetzt nicht mehr vorkommt. Wir sehen dabei zunächst von industriellen Abwässern ab.

Im Falle eines stark verschmutzten Wassers kann man nun drei Zonen unterscheiden:

1. Abwasser oder polysaprobe Zone. Hier werden Eiweißstoffe, Fette, Kohlenhydrate vergoren, und es entstehen, bzw. häufen sich an Kohlensäure, Ammoniak, Schwefelwasserstoff, bzw. Schwefeleisen. Es sind also die Produkte anaërober Vorgänge, da einerseits im Wasser mehr anaërobe Verhältnisse herrschen, andererseits aber die große Menge organischer Substanzen einen starken Sauerstoffverbrauch bedingt, der bis zu seinem völligen Schwinden führt. Die Keimzahl beträgt etwa 1 Million Keime je 1 ccm. Bei großen Flüssen ist diese Zone auf weite Strecken hin selten. Fische fehlen in dieser Zone aus begreiflichen Gründen.

2. Übergangs- oder mesosaprobe Zone. Anfänglich sind die Oxydationsvorgänge noch schwach, und es sind wenig Fische vorhanden; bald werden sie stärker und der Fischreichtum größer. Der Keimgehalt beträgt weniger als 100000 je 1 ccm.

3. Reinwasser- oder oligosaprobe Zone. Der reiche Tier- und Pflanzenbestand des reinen Wassers findet sich hier ein. Der Keimgehalt beträgt unter 1000 je 1 ccm.

Diese natürliche Selbstreinigung der Flüsse benutzt man nun vielfach auch zur Beseitigung der städtischen Abwässer. Wesentlich ist hierbei, daß diese Abwässer in einer solchen Verdünnung in den Fluß geleitet werden, daß nach Möglichkeit die erste Zone, die Zone stinkender Fäulnis, in Wegfall kommt. Das richtet sich natürlich ganz danach, welche Mengen an Abfallstoffen (häusliche Abwässer und Fäkalien) abfallen und wie groß die Wasserführung des Flusses, des Vorfluters, ist, in den die Abwässer eingeleitet werden. Ist die Verdünnung so, daß gleich ein Pflanzenleben im Fluß möglich ist, so kann es nicht leicht zu einer stinkenden Fäulnis kommen, da der vorhandene Sauerstoff u. U. ausreicht, vor allem aber die grünen Wasserpflanzen (einschließlich der Algen) im Licht Sauerstoff ausscheiden und so dem Eintreten jener noch weiter entgegenarbeiten.

Treffen eine Anzahl ungünstiger Umstände zusammen, so kann allerdings der Fall eintreten, daß ein vorübergehender Sauerstoffmangel eintritt und dabei ein plötzliches Fischsterben einsetzt, wenn z. B. bei geringer Wasserführung eine sehr warme Sommernacht ist, so daß der Sauerstoff bald verbraucht ist und womöglich auch die im Dunkeln nicht assimilierenden grünen Pflanzen noch mit zu weiterem Sauerstoffschwund beitragen; durch die Wärme wird ferner Sauerstoff rein physikalisch entweichen und sinkender Luftdruck dieses Entweichen befördern können, kurzum, ein vielleicht nur ganz kurze Zeit andauernder Sauerstoffmangel erklärt dann das explosionshafte Massensterben an Fischen, das öfters beobachtet werden kann.

Für den Kreislauf der Stoffe ist es beachtenswert, daß wenigstens ein Teil der in das Wasser gelangenden Nährstoffe, Stickstoff, Phosphor, Kalium, in den Fischen dem Lande wieder zurückgegeben werden. Nimmt man das Meer hinzu, so dürfte namentlich die Phosphorsäure, die auf diese Weise dem Lande zurückgegeben wird, immerhin eine nicht ganz zu vernachlässigende Rolle spielen. Es lassen sich jedoch in dieser Hinsicht noch keine quantitativen Angaben machen.

Oft ist es aber nicht möglich, die städtischen Abwässer auf dem Wege der biologischen Selbstreinigung der Flüsse zu beseitigen. Man hat hier eine Reihe anderer zum Teil miteinander kombinierter Verfahren eingeschlagen, die aber fast alle ebenfalls ein Nachahmen der natürlichen Vorgänge sind. Die wesentlichsten seien kurz charakterisiert.

Bei dem Kohlenbreiverfahren werden die organischen Stoffe der Abwässer durch Braunkohlenpulver adsorbiert. Aus dem Kohlenpulver werden dann Briketts gepreßt. Bei dem Füll- oder Kontaktverfahren läßt man grobe Koksstücke mehrere Stunden mit dem Abwasser in Berührung. Auf der Oberfläche des Koks bildet sich eine Schicht von Mikroorganismen, welche schnell die organischen Stoffe des Abwassers zu zersetzen vermag, wenn neues Abwasser hinzugegeben wird; die Koksstücke werden natürlich nicht jedesmal erneuert. Bei dem Tropfverfahren läßt man das Abwasser über grobe Koksstücke herabrieseln, wobei natürlich auch ein besserer Zutritt des Luftsauerstoffs und damit eine schnellere Mineralisation ermöglicht ist.

Das Prinzip der Lüftung wendet man nun bei dem moderneren Belebtschlammverfahren an. Es beruht darauf, daß in das Wasser 6—8 Stunden lang Luft eingeblasen oder eingeschlagen wird. Hierdurch wird die aërobe Mineralisation so gefördert, daß man einen klaren, nicht mehr der Fäulnis unterliegenden Abfluß erhält, wenn man nach dieser Behandlung die noch im Wasser als Flöckchen suspendierten organischen Reste absitzen läßt. Dieser Abfluß hat dieselbe Zusammensetzung wie der Abfluß aus Rieselfeldern oder aus Tropfkörpern. Eine solche in Stahnsdorf bei Berlin gebaute Anlage soll z. B täglich 100000 m^3 Abwasser verarbeiten. Den rückständigen Schlamm läßt man dann 2 bis 3 Monate in besonderen Faulbecken noch ausfaulen, danach wird er bis zur Stichfestigkeit abgetrocknet und zu Düngezwecken verkauft. Interessant ist noch, daß aus diesem ausfaulenden Schlamm noch täglich 10000 m^3 Schlammgas gewonnen werden sollen, die aus 72—82% Methan, 12—15% Kohlensäure und geringen Mengen von Schwefelwasserstoff und Stickstoff bestehen, und aus denen (nachdem sie gereinigt sind) der gesamte Energiebedarf für Maschinen, Heizung und Beleuchtung für die ganze Anlage gwonnen werden soll. Es dürfte wohl der einzige Fall sein, in dem mikrobiologisch entstandene Produkte energetisch ausgenützt werden.

Eine weitere Beseitigungsart städtischer Abwässer ist diejenige mit Hilfe von Rieselfeldern, wie sie schon 1559 in Bunzlau geübt wurde; sie gestattet gleichzeitig, eine landwirtschaftliche Ausnützung der in den Abwässern vorhandenen wertvollen Nährstoffe, oder wenigstens eines Teiles derselben. Es scheint jedoch, daß die Art nur für kleinere Verhältnisse lohnend ist. So ist man z. B. in Berlin, dessen Verhältnisse im folgenden kurz dargestellt werden sollen, neuerdings dazu übergegangen, die Rieselflächen nicht mehr zu vergrößern, sondern teilweise durch die oben erwähnte Reinigung durch das Belebtschlammverfahren zu ersetzen. Der Grund ist der, daß eine zu große Ausdehnung der Rieselflächen schließlich zu teuer wird durch die immer größer werdende Entfernung und die Kosten der für die Zufuhr notwendigen Zuleitungen und sonstigen Einrichtungen. In Berlin fallen zur Zeit täglich 660000 m^3 Abwasser an, bei 4,3 Millionen Einwohnern, also je Kopf der Bevölkerung und Tag etwa 0,15 m^3, eine Zahl, die sich bei Regen natürlich noch erhöht. 1 m^3 Abwasser enthielt im Durchschnitt vieler Jahre 85 g Stickstoff, 60,9 g Kali und 19,4 g Phosphorsäure; es handelt sich also um tatsächlich ganz beträchtliche Mengen an Nährstoffen. Die Rieselfeldfläche der Stadt Berlin beträgt zur Zeit 10700 ha, davon jedoch 1590 ha Wege, Dämme, Zuführungs- und Entwässerungsgräben, so daß eine reine Rieselfeldfläche von 9110 ha übrig bleibt. Dazu kommen noch etwa 300 ha anderer Eigentümer, für die Rieselwasser abgegeben werden.

Das Abwasser wird, nachdem es in Absitzbecken von gröberen Teilen befreit ist (was auch bei den vorgenannten Verfahren der Fall ist), und in einem Faulraum einer Art Vergärung unterworfen wurde, durch 50 cm tiefe Gräben kleinen Teilstücken von etwa 25 ar Größe zugeleitet. Bei jeder Berieselung erhalten die Felder je ha 1000—5000 m³ Wasser. Die Menge und Zuteilung ist aber je nach den gebauten Früchten verschieden. So wird

Wintergetreide . . .	1 mal	im Herbst
Sommergetreide . . .	2 ,,	,, Winter,
Kartoffeln	2 ,,	,, ,, ,
Rüben	4—6 mal	im Winter und Sommer,
Gemüsearten	4—6 ,,	,, Frühjahr,
Gräser	4—8 ,,	zu jeder Jahreszeit berieselt.

Das richtet sich eben nach der Aufnahmefähigkeit der jeweils gebauten Pflanze. Aus begreiflichen Gründen erwies sich eine Zufuhr von Kalk als sehr nützlich. Oft jedoch konnten auch durch Stickstoff und Phosphorsäure die Erträge noch gesteigert werden, da manchmal der Düngewert des Wassers recht gering ist. Im ganzen genommen ist jedoch die landwirtschaftliche Verwertung recht schlecht. Man hat ermittelt, daß bei Stickstoff das Verhältnis zugeführte/aufgenommene Nährstoffmenge sich verhält wie 4,2:1, bei Phosphorsäure wie 5,5:1, bei Kali wie 5,6:1.

Über die Veränderungen, die im Rieselwasser vor sich gehen, unterrichtet folgende Übersicht:

	1 Liter enthält an mg im		
	Rohwasser	Abfluß des Faulraums	Drainwasser
Organischer Stickstoff	ca. 20	10—15	1—9
Ammoniak-Stickstoff .	ca. 70	100	0—20
Salpeter-Stickstoff . .	0—3	0	50—150
Schwefelwasserstoff .	0-Spuren	15—20	0
Bakterien je 1 ccm. .	3—40 Mill.	2—20 Mill.	30000—100000

Man sieht also, wie im Faulraum sich natürlich nur anaërobe Vorgänge abspielen, wobei aber die organischen Stickstoffverbindungen teilweise bis zum Ammoniak und Schwefelwasserstoff aufgespalten werden, während Spuren von Nitrat, falls sie im Rohwasser vorhanden sind, zerstört werden. Im Drainwasser finden sich dann die für den normalen Mineralisationsvorgang im Erdboden charakteristischen Verbindungen, Nitrate und die nicht aufgeführten Sulfate, während Ammoniak sowie die organischen N-Verbindungen größtenteils, Schwefelwasserstoff ganz verschwunden sind.

Außer den eigentlich städtischen Abwässern kommen noch eine ganze Reihe von industriellen Abwässern in Betracht. Soweit es sich um Säuren oder sonst unmittelbar giftige Stoffe handelt, fallen sie aus unserer Betrachtung heraus. Hingewiesen sei nur noch auf die Abwässer von Zuckerfabriken und Molkereien, deren Kohlenhydratgehalt eine üppige Abwasserflora, flutende Pilzfladen, Mucor, Fusarium, Sphaerotilus, Leptomitus, gedeihen läßt. Abgesehen von der mit schlechtem Geruch verbundenen ästhetischen Beeinträchtigung kann auch hier der Fischerei großer Schaden zugefügt werden, wenn die obenerwähnten Umstände des Sauerstoffschwundes zusammentreffen.

XXVI. Die Konservierung organischer Substanz.

Allgemeines. Keimgehalt. Absolute und relative Sterilisation. Sterilisation durch Wasserentzug. Bildung mikrobicider Stoffe auf biologischem Wege. Künstlicher Zusatz mikrobicider Stoffe. Konservierung durch Kälte. Sterilisation durch Hitze.

Bisher haben wir den Kreislauf der Stoffe nur vom Gesichtspunkte der Vollständigkeit der Umsetzungen aus betrachtet. Alle praktischen Maßnahmen, die hierbei ergriffen werden, haben zum Ziel, diese Umsetzungen möglichst vollständig und reibungslos ablaufen zu lassen. Darüber darf man nicht vergessen, daß es auch ein sehr großes Anwendungsgebiet gibt, dessen Ziel gerade das Gegenteil ist, nämlich die Erhaltung organischer Stoffe, die ja ohne Konservierungsmaßnahmen alle früher oder später der Mineralisation anheimfallen würden. Für die Erhaltung menschlicher und tierischer Nahrungsmittel sowie vieler technisch wichtiger Stoffe sind diese Vorgänge von äußerster Wichtigkeit. Wir wollen daher, wenigstens in großen Zügen, noch die Mannigfaltigkeit dieses Gebietes kennen lernen.

Mit den Vorgängen im Boden sind diese Erscheinungen unmittelbar allerdings nur verknüpft durch die allgemeinen Prinzipien der Mikroorganismentätigkeit überhaupt. Mittelbar sind sie jedoch mit jenen verbunden durch die Tatsache, daß der Boden (und das Wasser, bzw. der Bodenschlamm des Wassers) ja die Träger des Mikroorganismenlebens auf der Erde sind, die Infektionsquellen, aus denen direkt oder auf dem Umwege über die Verbreitung durch die Atmosphäre die Infektion organischer Stoffe jeder Zeit erfolgt. Diese Infektion zu verhindern oder, da diese Möglichkeit meistens ausgeschlossen ist, wenigstens die Entwicklung der Mikroorganismen und damit ihre zerstörende Tätigkeit zu verhindern, ist das Ziel aller auf diesem Gebiete zu ergreifenden Maßnahmen.

Über die Mengen an Mikroorganismen auf organischem Material unterrichten einige in folgender Übersicht angeführte Zahlen:

Samen enthalten je Stück	3000—80000	Keime
Keimlinge enthalten je Stück	0,75—19,75	Millionen (im sterilisierten Keimbett)
Grünfutter enthält	2 —200	Millionen Keime je 1 g
Heu enthält	7 — 17	,, ,, ,,
Getreidesamen enthält	0,1 — 12	,, ,, ,,
Ölkuchen- und Mehl.	0,01— 20	,, ,, ,,

Unter günstigen Umständen kann dann natürlich eine rapide Vermehrung einsetzen. Schwitzendes Heu z. B. enthält am

1. Tag	7. Tag	14. Tag	(hier bereits wieder Rückgang)
18	2400	6	Millionen Keime je 1 g

Um die Entwicklung der Mikroorganismen zu verhindern, verfährt man nach zwei Prinzipien: 1. Absolute Sterilisation mit Vernichtung aller Keime, kombiniert natürlich mit einer Infektionsverhütung. Diese Methode wird allerdings nur selten praktisch angewendet, z. B. bei der Herstellung von Fleischkonserven. Sie kann natürlich nur für kleinere Mengen von Nahrungsmitteln angewendet werden, kommt aber für größere Mengen und für technisch zu verwertende Stoffe naturgemäß nicht in Betracht. 2. Relative Sterilisation mit Vernichtung oder Hemmung nur eines Teiles der Mikroorganismen, ebenfalls kombiniert mit Infektionsverhütung. Die Mannigfaltigkeit dieser Methoden werden wir kennen lernen.

Diese Methoden können wir nun im übrigen nach folgenden Gesichtspunkten gliedern:

1. Absoluter Wasserentzug.
2. Relativer Wasserentzug (Konzentrationserhöhung).
3. Bildung mikrobicider Stoffe auf biologischem Wege.
4. Bildung, bzw. Zusatz mikrobicider Stoffe auf künstlichem Wege.
5. Konservierung durch Kälte.
6. Absolute Sterilisation.
7. Relative Sterilisation (in engerem Sinne).

Relative Sterilisation in weiterem Sinne würde alle genannten Punkte, mit Ausnahme von 6, umfassen.

1. Absoluter Wasserentzug. Ohne Wasser ist kein Leben möglich, weder bei höheren noch bei niederen Organismen. Höchstens können Dauerorgane, wie Samen für die Zeit der Ruhe auf einen geringen Wassergehalt sinken, der bei Getreidesamen etwa 13—14% beträgt. In diesem Zustande sind sie der Einwirkung der Mikroorganismen entzogen.

Bei sonstigen Dauerorganen ist der Wassergehalt hoch; er beträgt bei Kartoffeln 70—80, bei Rüben 80—90% und nähert sich dem Wassergehalt junger grüner Blätter (mit etwa 90%). Eine längere Aufbewahrung von Kartoffeln ist infolgedessen nur möglich, weil sie normalerweise (bei kranken Knollen ist das nicht der Fall) steril sind und die Korkschicht ein Eindringen von Mikroorganismen verhütet. Aber immerhin ist Sorge zu tragen, daß die Aufbewahrung trocken erfolgt und bei guter Lüftung. Es kann so einerseits keine Mikroorganismenentwicklung stattfinden, und andererseits können die Knollen normal atmen. Wäre diese normale Atmung unterdrückt, so würden sie durch intramolekulare Atmung geschwächt werden und leicht dem Angriff von Mikroorganismen erliegen können.

Jedem anderen Pflanzenmaterial und Tiermaterial dagegen, das ohne sonstige Maßnahmen aufbewahrt werden soll, muß der Wassergehalt bis zu einem Grade entzogen werden, der keine Entwicklung von Mikroorganismen mehr zuläßt. Bei der Dürrheubereitung geschieht das einfach durch natürliche Trocknung an der Luft, bzw. in der Sonne. Wesentlich ist ein wirklich trockenes Einbringen, da es sonst zur Selbsterhitzung kommen kann (vgl. S. 28). Es treten beim Trocknen etwa 10% Verluste auf, die wohl auf die Atmungstätigkeit der noch nicht abgestorbenen Pflanzenzellen zurückzuführen sind.

Eine besondere Art des Heuens ist die Braunheubereitung, die besonders in feuchtem Klima (Oberbayern, Schweiz, Küstengebiet der Nord- und Ostsee) angewendet wird. Hierbei benutzt man nun die durch Mikroorganismenentwicklung erzeugte Wärme zum Trocknen, indem das Gras aufeinandergepackt und einer Selbsterhitzung überlassen wird, wobei das darin enthaltene Wasser verdunstet. Infolge des Erhitzens tritt eine mehr oder weniger starke Bräunung auf, woher der Name der Heuart stammt. Die Diemen oder Feimen, in denen das Gras in Form eines Kegels aufeinandergepackt ist, sind von verschiedener Größe von nur 1—5 Fuhren bis zu fast 100 Fuhren, in diesem Falle 5 m breit, 5—6 m hoch. Oben wird mit Stroh gedeckt. Das Gras läßt man zuerst etwas abwelken, wodurch erreicht wird, daß sich beim Aufeinanderpacken keine Hohlräume bilden, in denen eine unerwünschte Entwicklung von Schimmelpilzen stattfinden würde. Manchmal wird auch etwas Kochsalz zugegeben, was die Gefahr der zu starken Selbsterhitzung mindert.

Allgemein bekannt ist weiterhin das Trocknen von Fischen und Fleisch, von Gemüse, Obst, Rübenschnitzeln usw.

2. Relativer Wasserentzug: Das Prinzip ist eine Er-

höhung der Konzentration, wobei zwar an und für sich noch genügend Wasser für eine Entwicklung von Mikroorganismen vorhanden wäre, aber die Konzentration darin gelöster Stoffe so hoch ist, daß eine Tätigkeit unterbunden wird. Von Naturstoffen hat Honig normalerweise eine vor dem Verderben schützende Konzentration infolge seines hohen Zuckergehaltes. Beim Einkochen von Marmelade erreicht man die Konzentrationserhöhung durch Wegkochen einer genügenden Menge von Wasser und gegebenenfalls noch durch künstlichen Zuckerzusatz. Zubinden erschwert eine spätere Infektion. Außerdem schützt man die Oberfläche durch ein mit Salicylsäure getränktes Pergamentpapier. Hierdurch soll vor allem die Entwicklung von Schimmelpilzen, die nur von der Oberfläche aus angreifen können, verhindert werden, da Bakterien sich sowieso nicht auf diesem konzentrierten Substrat entwickeln. Pilze sind nämlich in dieser Hinsicht viel weniger empfindlich: Sie wachsen noch bei einer Dampfspannung von 85%, während Bakterien nur herunter bis zu einer solchen von 96% gedeihen können.

Allerdings können sich in derartig konzentrierten Medien wie Honig und Marmelade gewisse „osmophile“ Hefen, namentlich Zygosaccharomyceten, entwickeln, die aber nur geringe Zuckermengen, unter Alkoholbildung verarbeiten und jedenfalls nicht so viel Zucker zerstören, daß die Konzentration wesentlich herabgesetzt und damit anderen Mikroorganismen die Entwicklung ermöglicht würde.

Ein weiteres Mittel der Konzentrationserhöhung ist das Einpökeln von Fleisch und Fischen, bei Zusatz von 12—27% Kochsalz, wobei allerdings eine Entwicklung von Mikroorganismen nicht völlig unterdrückt werden kann, aber sich doch erfahrungsgemäß in engen und unschädlichen Grenzen hält.

3. Bildung mikrobicider Stoffe auf biologischem Wege. Manche von Mikroorganismen gebildete Stoffe können biologisch als Kampfstoffe angesprochen werden, welche geeignet sind, die Konkurrenz anderer Organismen fernzuhalten. Das gilt z. B. für den Alkohol. Die alkoholischen Getränke, Bier und Wein, halten sich bekanntlich mehr oder minder lange, weil eben der Alkohol z. B. eine Entwicklung von Fäulnisbakterien usw. nicht aufkommen läßt. Vorbedingung ist allerdings Luftabschluß, da bei Zutritt von Luftsauerstoff Kahmhefen und Essigbakterien den Alkohol und später auch die Essigsäure zerstören würden, wonach sich dann eine ungehemmte Mikroorganismentätigkeit entfalten könnte. Diese konservierende Wirkung des Alkohols ist gewissermaßen eine zufällige Begleit-

erscheinung dieses in erster Linie als Genußmittel dienenden Stoffes.

Bei den mannigfachen Methoden der Einsäuerung dagegen läßt man Milchsäure entstehen zu dem alleinigen Zweck, das zu säuernde Material für einige Zeit zu konservieren. Zur menschlichen Ernährung säuert man Weißkraut (Sauerkraut), Gurken, Bohnen usw. ein. Der Zweck der verschiedenen Manipulationen ist nun folgender: Zunächst werden schlechte Blätter, bzw. schlechte Stellen entfernt, da diese ein Zeichen für die Tätigkeit von Fäulnisbakterien sind, die sonst in zu großen Mengen hineingelangen und den Erfolg in Frage stellen würden. Hierauf wird der gehobelte Kohl in Gefässe eingefüllt, mit 0,5—2% Kochsalz versetzt und festgedrückt. Das Kochsalz soll eine Brühenbildung hervorrufen, das Festdrücken die Luft verdrängen; beide Maßnahmen schaffen also anaërobe Verhältnisse, wie sie für die nunmehr beginnende Tätigkeit der Milchsäurebakterien vorhanden sein müssen. Das Material enthält infolge natürlicher Infektion genügend dieser Bakterien, die sich nun unter den ihnen günstigen Bedingungen schnell entwickeln auf Grund der in dem Material vorhandenen Kohlenhydrate. Es wird so 0,2—1% Milchsäure gebildet, die das Produkt auf einige Zeit vor dem Verderben schützt.

Eine große Bedeutung besitzt das Verfahren bei der Bereitung von Sauerfutter, wodurch die Möglichkeit gegeben ist, grünes Pflanzenmaterial, Rübenblätter und alle grünen Futterpflanzen, in den Winter hinein zu konservieren und so der tierischen Ernährung zu einer Zeit zugänglich zu machen, in der kein frisches Pflanzenmaterial mehr zur Verfügung steht. Diese Einsäuerung nimmt man in großen Silos vor, wobei durch Belastung oder Pressung ebenfalls die Luft herausgepreßt wird, und für die Entwicklung der Milchsäurebakterien günstige anaërobe Verhältnisse geschaffen werden. Mit Erfolg ist man auch schon dazu übergegangen, künstlich Reinkulturen dieser Bakterien zuzusetzen, die einen schnelleren Ablauf des Vorganges bewirken. Anfänglich steigt dabei die Temperatur etwas, bis etwa 40° C, sinkt aber bald wieder. Steigt sie zu hoch, so kann sie durch weitere Pressung, d. h. stärkere Verdrängung der Luft, erniedrigt werden. Die Zahl der Mikroorganismen steigt bald auf einige Milliarden im Gramm; es werden 1—2,5% Milchsäure gebildet.

Durch die Entwicklung der Mikroorganismen und die Milchsäurebildung aus Kohlenhydraten entsteht natürlich ein Substanzverlust von mindestens 10, aber auch von 20—25%. Man hat versucht, diese Verluste, die ja gerade die wertvollen Kohlenhydrate betreffen, in dem sog. Süß-Grünfutter oder Süß-Preßfutter zu vermindern, jedoch ohne Erfolg. Hierbei soll nämlich durch Selbsterhitzung die Temperatur höher steigen, auf 50—60°; jedoch fanden sich die gleichen Mengen Milchsäure, und außerdem leidet die Verdaulichkeit des Materials durch die Erhitzung. Dieses gilt denn auch für die Elektro-Ensilage, bei der eine partielle Sterilisation durch den elektrischen Strom hergestellt werden soll, wobei aber auch, infolge höherer Temperatur, die Verdaulichkeit leidet.

In neuester Zeit endlich setzt man einfach freie Salzsäure zu und kann auf diese Weise natürlich weitgehend die durch Gärung verursachten Verluste vermeiden.

In diesem Zusammenhang sei auch noch auf die Milch hingewiesen. Die schnelle Säuerung durch Milchsäurebakterien verhindert jedenfalls die sofortige Entwicklung von Fäulnisorganismen und macht das Material wenigstens für einige Zeit haltbar und genußfähig. Auf die Verhältnisse bei der Käseherstellung kann hier jedoch nicht eingegangen werden.

4. Bildung, bzw. Zusatz mikrobicider Stoffe auf künstlichem Wege. Bei Nahrungsmitteln treten solche Methoden naturgemäß zurück, da die verwendbaren Stoffe, welche die Mikroorganismenentwicklung hemmen, auch für den Menschen mehr oder weniger bedenklich sind, was namentlich von den stark wirkenden Metallgiften gilt, die aus diesem Grunde (außer zur Desinfektion und Schädlingsbekämpfung) nur in der Technik Verwendung finden können.

Milch kann durch Zusatz von Formalin oder Wasserstoffsuperoxyd sterilisiert werden, jedoch mit zweifelhaftem Erfolge, da bei durchgreifender Wirkung der Zusatz zu groß sein müßte. In Deutschland sind diese Verfahren denn auch verboten.

Bei Rauchwaren liegen die Verhältnisse zweifellos etwas kompliziert. Einmal wendet man eine Konzentrationserhöhung an durch Zusatz von Kochsalz; sodann entzieht man durch das Trocknen und Räuchern einen Teil des Wassers; endlich aber werden durch das Räuchern Produkte der trockenen Destillation des Holzes gebildet (niedere Aldehyde, Phenole, Kreosot), die das Material zum wenigsten oberflächlich tränken und ihre mikrobicide Wirkung entfalten.

Eine außerordentlich wichtige Rolle spielt die Holzkonservierung, die jetzt meist durch Imprägnierung mit Teerölen, Zink-, Kupfer- und Quecksilbersalzen durchgeführt wird. Das einfache Abbrennen von Pfählen am basalen Teil überzieht durch das Erhitzen das Holz mit einer oberflächlichen Schicht, in der die Zellwandbestandteile durch teilweise Verkohlung gegen den Angriff von Mikroorganismen widerstandsfähig gemacht werden.

In der Gerberei wird die durch Mikroorganismen vorher von Bindegewebe usw. befreite Lederhaut mit Gerbstoffen imprägniert, die von Bakterien nicht angegriffen werden können.

Daß auch in allen Fällen, in denen die Industrie mit organischen Stoffen arbeitet (Filmindustrie, Tuchindustrie, Seidenindustrie usw.) wenigstens gelegentlich eine Bekämpfung von Mikroorganismen notwendig wird, dürfte selbstverständlich sein und braucht hier nur angedeutet zu werden.

5. Konservierung durch Kälte. Hier ist vor allem das Gefrierfleisch zu erwähnen, Aufbewahrung von Fleisch bei mindestens -4^0 C (jedenfalls unter -1^0), gewöhnlich -6^0. Es handelt sich dabei nicht um eine Sterilisation, da solche Temperaturen ohne jeden Schaden von Mikroorganismen vertragen werden können, sondern um eine Hemmung der Entwicklung und der Tätigkeit, die praktisch so groß ist, daß sie einer völligen Sterilisation gleich kommt. Selbst bei hoher Luftfeuchtigkeit hält sich das Fleisch so beliebig lange. Gekühltes Fleisch, das man im allgemeinen bei einer Temperatur von $+4^0$ C aufbewahrt, hält sich etwa 2—3 Wochen lang infolge der Verzögerung der Mikroorganismenentwicklung. Jedoch kommt es hierbei sehr auf die relative Luftfeuchtigkeit an, die in den Kühlanlagen von 60—100$^0/_0$ schwankt. Versuche von SCHWARTZ haben gezeigt, daß in dem Intervall von 0,2—4^0 C durch Erniedrigung der Temperatur um -1^0 die relative Luftfeuchtigkeit um 5% erhöht werden kann, um gleiche Haltbarkeit zu erzielen.

6. Absolute Sterilisation. Da diese in geschlossenen Behältern, die auch später geschlossen bleiben müssen, durchgeführt wird, so ist die Anwendung praktisch auf kleinere Mengen wertvollerer Lebensmittel beschränkt. Eine weitere Einschränkung erfährt die Anwendung dadurch, daß die absolute Sterilisation, die naturgemäß nicht durch Gifte, sondern nur durch Hitze erfolgen kann, die Nahrungsmittel zum Teil, wie Gemüse, zu unansehnlich und damit verkaufsunfähig machen würde. So bleibt diese Methode nur übrig für die Herstellung von Fleischkonserven. Die Büchsen werden bei über 100^0 C erhitzt, wobei sämtliche Keime abgetötet werden. Ist das nicht der Fall, so kommt es zur Bombage: Die Büchsen werden infolge der Entwicklung anaërober Mikroorganismen und der von diesen gebildeten Fäulnisgase aufgetrieben und sind dann natürlich unbrauchbar. Auch durch

äußere Undichtigkeiten können die Büchsen natürlich nach innen infiziert werden.

7. Relative Sterilisation. Von ihr macht man hauptsächlich Gebrauch beim Einkochen von Gemüse, z. B. im Weckapparat. Je nach der Gemüseart erhitzt man dabei bei verschieden hoher Temperatur, keinesfalls aber bei 100° C oder darüber; das richtet sich danach, ob das Gemüse leicht zerkocht oder nicht. Auf jeden Fall aber kann es sich nicht um eine vollständige Sterilisation handeln. Denn es ist ausgeschlossen, daß hierbei die Sporen der zahlreichen Erdbakterien abgetötet werden, die an dem Gemüse sitzen und durch vorheriges Waschen nicht genügend entfernt werden können. Es kommt ja auch oft genug vor, daß die Gläser nachträglich aufgehen; das ist ein Zeichen für eine eingetretene Mikroorganismenentwicklung (vorausgesetzt, daß der Verschluß funktioniert), die zur Bildung von Gasen führt und so den nach dem Einkochen herrschenden Unterdruck, der die Deckel luftdicht auf die Gummiringe preßt, aufhebt. Aber im großen und ganzen hält sich das eingekochte Material.

Weshalb die Bakteriensporen (nur diese kommen in Frage, da die Nichtsporenbildner, ferner Actinomyceten und Pilze abgetötet werden) normalerweise nicht zur Entwicklung kommen, vermag man nicht zu sagen. Es können hierbei eine ganze Reihe von Ursachen mitspielen: Die Verdrängung der Luft beim Einkochen und ihr Ersatz durch Wasserdampf läßt keine Spur von Sauerstoff übrig, den die Sporen der aëroben Bakterien zur Keimung und diese zum Wachstum nötig haben. Die Pflanzensäfte reagieren ferner meist sauer und verhindern auf diese Weise ebenfalls die Entwicklung von Bakterien; man kann auch beobachten, daß säurearmes Material, wie Erbsen, besonders leicht verdirbt. Möglicherweise ist dies der Grund, weshalb sich auch anaërobe Fäulniserreger nicht entwickeln, die normalerweise in den Gläsern gedeihen müßten. Endlich wäre noch daran zu denken, daß das Erhitzen auch die Kohlensäure aus dem Substrat entfernt, die nach neueren Untersuchungen ebenfalls für Mikroorganismen, auch die heterotrophen, notwendig zu sein scheint. Kühles Aufbewahren der Gläser unterstützt schließlich noch alle diese für die Entwicklung von Mikroorganismen ungünstigen Faktoren.

Endlich wendet man Erhitzen zur Konservierung der Milch an, in dem sogenannten Pasteurisieren. Dieses Erhitzen wird bei weit unter 100° C, bei 65—75°, vorgenommen. Bei ganz frischer Milch genügen 30 Minuten bei 63° (Dauerpasteurisierung). Dabei sterben alle vegetativen Keime ab, so daß die Milch nicht sauer werden kann, da die in ihr vorkommenden Milchsäurebakterien keine Sporen bilden. Sehr wichtig ist jedoch ferner, daß auch die pathogenen Keime abgetötet werden, die bis auf praktisch bedeutungslose Ausnahmen keine Sporen bilden. Namentlich gilt das für die Tuberkelbakterien.

Indessen hat das Erhitzen einen wesentlichen Nachteil, der darin besteht, daß die der frischen Milch eigentümlichen und geschätzten Geschmackstoffe zerstört werden und ebenso manche wertvollen Vitamine. Infolgedessen sucht man die Milch durch Tiefkühlung auf mindestens $+ 5^0$ C, aber nicht unter 0^0, wenigstens auf einige Zeit haltbar zu machen, wobei allerdings die Gefahr des Vorkommens pathogener Keime mit in Kauf genommen werden muß, der andererseits durch strenge Kontrolle des Viehs begegnet werden kann.

Namen- und Sachverzeichnis.

Vorbemerkung: Bei den Bakteriennamen sind die Bezeichnungen *Bacillus, Bacterium* und *Pseudomonas* wegen der verschiedenen Handhabung der Nomenklatur als *Bacterium* zusammengefaßt, auch wenn im Text eine andere Bezeichnung steht. Es mußte deshalb hier auch die Neutrumform bei der Artbezeichnung geschrieben werden. Damit ist keine wissenschaftliche Stellungnahme zum Ausdruck gebracht, sondern nur eine Erleichterung der Auffindung vorgesehen. Eingehendere Behandlung des Gegenstandes ergibt sich aus dem Zusatz f. oder ff. zum Seitenhinweis.

Carl Ritter G. m. b. H., Wiesbaden.

GPSR Compliance

The European Union's (EU) General Product Safety Regulation (GPSR) is a set of rules that requires consumer products to be safe and our obligations to ensure this.

If you have any concerns about our products, you can contact us on ProductSafety@springernature.com

In case Publisher is established outside the EU, the EU authorized representative is:

Springer Nature Customer Service Center GmbH
Europaplatz 3
69115 Heidelberg, Germany

Batch number: 10682427

Printed by Printforce, the Netherlands